高等学校
计算机类
系列教材

U0210249

计算机导论实践教程

王 鲁　孙永香　主编

化学工业出版社

·北京·

内容简介

本书按照计算机学科知识体系来组织编排，全书共 8 章，内容包括：计算机硬件组装与故障排除、操作系统 Windows 10 的安装与使用、文字处理软件 Word 2016 的使用、电子表格软件 Excel 2016 的使用、演示文稿软件 PowerPoint 2016 的使用、数据管理软件 Access 2016 的使用、初步认识 Python、计算机类专业常用软件。在书附录末给出了 Python 实验源代码。全书注重实践，讲解细致、全面，旨在通过具体的操作指导，让读者高效地掌握计算机导论实践课程中涉及的操作技能，快速提高实践能力。

本书可作为高等院校计算机类相关专业的计算机导论实践课程的教材，也可作为其他计算机爱好者了解、学习计算机实际操作的参考书。

图书在版编目（CIP）数据

计算机导论实践教程 / 王鲁，孙永香主编. —北京：
化学工业出版社，2022.5（2023.9重印）
高等学校计算机类系列教材
ISBN 978-7-122-40948-5

Ⅰ.①计⋯　Ⅱ.①王⋯　②孙⋯　Ⅲ.①电子计算机-
高等学校-教材　Ⅳ.①TP3

中国版本图书馆 CIP 数据核字（2022）第 042522 号

责任编辑：郝英华　唐旭华　　　　　　　　　文字编辑：师明远
责任校对：王　静　　　　　　　　　　　　　装帧设计：张　辉

出版发行：化学工业出版社（北京市东城区青年湖南街 13 号　邮政编码 100011）
印　　装：北京科印技术咨询服务有限公司数码印刷分部
787mm×1092mm　1/16　印张 14¼　字数 348 千字　　2023 年 9 月北京第 1 版第 2 次印刷

购书咨询：010-64518888　　　　　　　　　售后服务：010-64518899
网　　址：http://www.cip.com.cn
凡购买本书，如有缺损质量问题，本社销售中心负责调换。

定　　价：49.00 元　　　　　　　　　　　　　　　　　　版权所有　违者必究

《计算机导论实践教程》
编写人员

主　编：王　鲁　　孙永香

副主编：王秀丽　　付晓翠

参　编：于　群　　张广梅　　周筑南

前言

        计算机导论实践课程是计算机类专业学生进入大学学习的第一门专业实践课，其目的是使学生快速掌握计算机学科中的初级操作技能，有效地提高实践能力，进而为后续实践课程的学习做好入门引导。本书作为《计算机导论》（书号 978-7-122-41220-1）教材的配套实践教材，在内容编排上既结合当前计算机导论课程教学的最新发展状况，又兼顾计算机领域的新技术，使教材内容与时代发展的要求同步，更好地服务于科技自立自强、拔尖创新人才的培养。

        本书共安排了 8 章的内容，主要包括：计算机硬件组装与故障排除、操作系统 Windows 10 的安装与使用、文字处理软件 Word 2016 的使用、电子表格软件 Excel 2016 的使用、演示文稿软件 PowerPoint 2016 的使用、数据管理软件 Access 2016 的使用、初步认识 Python、计算机类专业常用软件。其中，前 7 章每章为 1 次实践训练，最后一章为实践应用的扩展。并在书末附录中给出了 Python 实验源代码。

        本书力求知识完整、结构清晰、实例丰富、学以致用、操作性强、易教易学。主要体现在：①书中主要实践训练均包含了操作指导、实验内容、综合练习等内容，涵盖了从教学指导到实操训练的完整过程；②书中翔实、新颖的实例与现实紧密结合，既是对理论课的一种补充和延伸，又拓宽了学生视野；③实验有清晰的步骤提示，易于教师讲授和学生自学，实验难度由浅入深，教师可根据学生的实际情况和实际学时数选择不同的内容，以满足不同层次学生学习的需要。

        为贯彻科教兴国战略、人才强国战略、创新驱动发展战略，本书在编写过程中，既结合了工程教育专业认证的理念，又加大了教学案例的力度，以培养学生的融合创新能力，同时在实验素材里融入课程思政元素，以实现育人与育才相融合的目标。

        同时，为满足国家最新的人才培养的需求，本书在编写过程中，结合了工程教育专业认证的理念，融入课程思政元素，以实现育人与育才相融合的目标。另外，为方便使用本书的广大师生，本书配有实验素材和源代码等配套教学资源，使用本书的读者可以登录化工教育平台 www.cipedu.com.cn 注册后下载使用。

        本书的编写人员都是多年从事高等院校计算机专业课教学的专职教师，具有扎实的计算机专业知识和丰富的教学经验，书中不少内容就是对教学实践经验的总结。本书由王鲁和孙永香担任主编，由王秀丽和付晓翠担任副主编，于群、张广梅和周筑南参与了编写工作。具体分工如下：第 1、7 章及附录由王鲁编写，第 2 章由于群编写，第 3 和 6 章由王秀丽编写，第 4 章由付晓翠编写，第 5 章由张广梅编写，第 8 章由孙永香编写。孙永香负责本书的组织和统稿工作，周筑南提供了部分实验素材并完成了本书的文字校稿。

由于编者水平所限，书中难免存在不足之处，恳请广大读者特别是同行批评指正。在使用本书的过程中，若遇到任何问题或者有好的意见和建议，请与编者联系，以便今后更好地修订本书。

编　者

目录

第8章 计算机类专业常用软件

附录 Python实验源代码

参考文献

第 1 章　计算机硬件组装与故障排除

　　计算机硬件是计算机的重要组成部分，包含：运算器、控制器、存储器、输入设备、输出设备。其中控制器和运算器共同组成了中央处理器（CPU）。存储器就是计算机的记忆系统，存储器由主存储器和辅助存储器组成，主存储器就是通常所说的内存，分为 RAM 和 ROM 两个部分。辅助存储器即外存，但是计算机在处理外存的信息时，必须首先经过内外存之间的信息交换才能进行。输入设备和输出设备都是进行人机互动的关键设备。常见的输入设备有鼠标、键盘等，常见的输出设备有显示器、打印机、语音和视频输出装置等。

　　在具体的装机操作过程中，常见的有以下器件。

　　① 电源：属于供电设备，可以将计算机内的交流电转换成直流电，电源硬件的质量决定着其他硬件的工作稳定性，进而会影响整个计算机的使用稳定性。

　　② 主板：属于计算机的硬件工作平台，它可以将计算机内所有的部件全部连接在一起，从而进行数据传输。

　　③ CPU：属于计算机的中央处理器，它起着控制核心以及运算核心的作用。CPU 具有高速缓存、寄存、控制、运算等功能。许多人选购计算机的时候，都会首先检查该计算机的CPU 性能好坏，因为它可以决定计算机的档次高低。

　　④ 内部存储器：即内存，又分为 SDRAM 内存与 DDR 内存，它由芯片与电路板组成，体积小，存储速度较硬盘快很多，在电脑开机的时候，用来存储各种数据，例如缓存数据、下载数据等，开机后存取数据也要经过内存，它在硬盘与处理器之间起到数据缓冲的作用。

　　⑤ 硬盘：被称为外部存储硬件，它拥有记忆功能，可以存储大量的数据，尺寸有 1in（1in=2.54cm）、3.5in、1.8in 等，主要分为机械硬盘和固态硬盘，固态硬盘速度更快，价格也更贵。

　　⑥ 显卡：在使用计算机的时候，显卡可以输出文字、图形，最大的作用是将需要显示的信息转换成驱动扫描信号，是显示器与电脑主板之间最重要的硬件之一。

1.1　硬件组装与测试

1.1.1　准备硬件

　　在装机之前首先要将身体上的静电释放一下，并将需要装配的主要器件拆开摆好。需要注意的是，各器件的固定螺钉一定不要混淆。

1.1.2　安装 CPU

　　① 如图 1.1 中布满针脚的 CPU 插槽，左下角有金属三角标识，向外拨开主板上固定 CPU 的金属小棍。

图 1.1　CPU 插槽

　　② 如图 1.2 所示，CPU 应照准方向放入，严丝合缝。打开保护盖后，注意观察右下角银白色三角指示，对照手中 CPU 带有三角指示的一端，对应方向放下。不要用力下按，底端金属细丝一旦弯折，主板就毁坏了。

图 1.2　放入 CPU

　　③ 如图 1.3 所示，如果有硅脂，则可以均匀涂抹在 CPU 表面加强散热；如果没有，则直接合上固定金属盖。

图 1.3　扣上固定盖

1.1.3　安装内存

　　① 安装内存条之前可以先观察插槽上下是否有标记，部分主板会标记出优先插槽。如图 1.4 所示，两黑两白均为内存插槽，主板上标有 DIMM1/2/3/4。若无则可以随意选一个方便的插槽用来安装内存条。

图 1.4　内存插槽

　　② 将插槽两端的固定开关向外掰开，至图 1.4 所示状态，然后对准内存条凹陷方向，轻轻下压直至两端固定开关自动收回合上。如图 1.5 所示，对准金手指凹槽处，内存插到底部后会自动扣上两端。

图 1.5   插入内存条

1.1.4   安装硬盘

①   首先应确定硬盘的接口类型，选择主板上相匹配的接口类型。图 1.6 所示为 SATA 接口机械硬盘。

②   找到机箱中的硬盘位置，如图 1.7 所示，将硬盘接线口朝外放置并固定。最后接好电源线和 SATA 接口线。

图 1.6   SATA 接口的机械硬盘

图 1.7   机箱中的硬盘槽位

1.1.5   主板装入机箱

如图 1.8 所示，将安装好 CPU 和内存的主板放入机箱相应位置，具体对照机箱背面接口处留空，拧好固定螺钉。

图 1.8　没有安装显卡的主板

1.1.6　安装独立显卡

①　若无独立显卡，说明 CPU 自带集成显卡，则无须安装。如果有独立显卡（如图 1.9 所示）看清插槽方向，对准安装。

图 1.9　独立显卡

②　显卡插入插槽后注意左侧外接端口是否对齐，以及如图 1.10、图 1.11 所示插槽处卡扣固定情况，插槽左端白色塑料器件是固定卡扣。

图 1.10　显卡插入后的正面

图 1.11　显卡插入后的背面

1.1.7　安装电源

　　① 电源安装如图 1.12、图 1.13 所示，将电源风扇方向摆正，将其对齐机箱外侧留空，然后拧紧固定螺钉。

图 1.12　机箱电源（风扇面）

图 1.13　机箱电源

② 电源安装后接好电源线，主要包括主板供电、CPU 供电、硬盘供电、光驱供电等，具体设备情况参看说明书；同时接好机箱接口线，如图 1.14 所示，主要包括 POWER SW（开关机）、RESET SW（重启）、POWER.LED（电源指示灯）、HDD.LED（硬盘指示灯）。

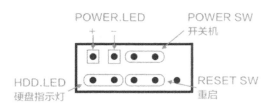

图 1.14　电源线示意图

1.1.8　安装散热

① 有些新主板需要先拆下 CPU 周围的塑料挡件，找到散热器固定的四个接口。图 1.15 中 CPU 周围有四个金色螺钉接口。

图 1.15　散热螺钉固定接口（四个）

　　② 如图 1.16 所示，均匀涂抹硅脂后将散热器对准周围四个接口，拧上固定螺钉。

　　③ 如图 1.17 所示，安装侧面风扇，步骤同上，对准机箱外侧，拧好螺钉即可。注意风扇电源线在主板上插好。

图 1.16　固定散热器

图 1.17　机箱风扇背面

1.1.9　安装外设

　　首先连接好显示器、鼠标、键盘和网线。如图 1.18 所示，最上方黑色是主机电源插口，中间紫色和绿色分别是键盘鼠标的 PS/2 插口，现在通常都使用下方的 USB 接口，USB 接口右侧方形接口是网线接口，最下外接的是 VGA 视频接口，即连接显示器的接口。

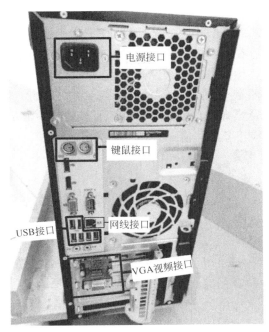

图 1.18 机箱背面

1.1.10 启动电源测试功能

按下开机键，观察是否可以正常启动。若出现异常，则需及时排查解决。

1.2 常见的硬件故障及排除方法

1.2.1 主板故障

（1）现象

计算机无法正常启动等难以判断的故障现象。

（2）排除

首先查看主板电池，如果主板电池电源线连接出现问题，可以重设跳线。

若问题依旧，可能是主板电池电压不够或损坏，这种情况可更新主板电池再试。

检查硬件匹配问题。若因硬件冲突产生蓝屏，BIOS 被破坏造成无法显示，可以用刷 BIOS 的办法来处理。

要仔细检查主板上的元件是否有松动、主板的电源有无接好，主板上的积尘太多也会造成主板发生故障。

1.2.2 内存故障

（1）现象

系统的死机、重启及无法显示等，通常开机时会出现"嘀嘀嘀"的报警声。

（2）排除

首先断开电源，打开机箱，拔出内存条，仔细检查。考虑是否插反，如果没插反，检查一下内存条和电路板是否存在损坏的迹象；如果内存条没有损坏的迹象，检查内存条金手指是否存在污迹，如果存在，用橡皮擦把污迹去除即可。

另外，可能因内存条质量不佳或损坏而导致系统工作不稳定。如系统频繁出现蓝屏死机或者系统经常自动进入安全模式等，可以更换内存条。注意，如果使用两根内存条的话，最好选用同品牌、同频率、同容量的内存条，构成双通道。

1.2.3　CPU 故障

（1）现象

开机后计算机无任何反应。

（2）排除

首先打开机箱检查，若 CPU 针脚与主板插孔接触不良，将 CPU 重新插好即可解决。

其次，如果 CPU 质量存在问题，计算机系统会出现无原因死机、重启等现象，建议更换新 CPU。

另外，由于 CPU 主频速度的不断提高，高速缓存容量的加大，因缓存问题而出现的系统不稳定故障也越来越多，这种情况下将 BIOS 中 CPU 的缓存关闭就可解决故障。

还要注意 CPU 风扇或散热片与 CPU 安装时，最好能涂上一层散热硅脂，这样能有效防止因为散热不良导致系统死机。

1.2.4　电源故障

（1）现象

显示器没有反应、无法开机或开机后电源指示灯一闪即灭，主机启动无反应，或者多次开机才能正常启动。

（2）排除

这说明电源出现故障，更换新电源再试。

1.2.5　硬盘故障

（1）现象

系统找不到硬盘，硬盘读写声大，硬盘读写速度慢，数据丢失，显示蓝屏等。

（2）排除

首先打开机箱，检查硬盘的数据线和电源线是否接好，如果没有，换根数据线或是将数据线接到主板上正常的 SATA 接口上再试。

如果还是不行，就更换硬盘跳线再试。

硬盘若是读写速度慢，建议先整理一下磁盘碎片，磁盘整理后还是一样，而且发出"咔嚓，咔嚓"的声音，这时应停止使用硬盘，用专门的磁盘检测工具（如 Scandisk、DM）对硬盘检测，对检测到的坏道进行屏蔽。

若经常出现数据丢失，则说明硬盘受到损坏，此时建议更换新硬盘。

1.2.6　风扇故障

（1）现象

风扇声音过大，系统死机，严重时会烧掉电源、CPU 及主板。

（2）排除

如果只是声音大，清理积灰、涂抹润滑油即可。

若系统死机，则需打开机箱，运行计算机，看风扇是否转动。如果 CPU 风扇时而运行时而停止，用手触摸 CPU，若温度正常，则是正常的；如果 CPU 温度过高，需要更换 CPU 风扇再试。

第2章 操作系统 Windows 10 的安装与使用

操作系统作为硬件之上的第一层软件，在个人桌面领域和服务器领域有各种不同的类型。美国微软公司所研发 Windows 操作系统在世界范围内占据了桌面操作系统 90%的市场，而开源系统 Linux 在服务器领域应用广泛。本书主要介绍个人用户常用的 Windows 10系统。

Windows 10 操作系统主要分为以下 7 个版本。

① Windows 10 Home（家庭版），面向个人和家庭用户以及使用 PC、平板电脑和二合一设备的消费者，包括 Windows 10 大部分基本功能。

② Windows 10 Professional（专业版），在家庭版的基础之上提供了 Windows Update for Business 功能，该功能可以降低管理成本、控制更新部署，让用户更快地获得安全补丁软件。

③ Windows 10 Enterprise（企业版），在专业版的基础上，增添了企业所需的防范针对设备、身份、应用和敏感企业信息的现代安全威胁的先进功能，微软的批量许可客户方可使用。

④ Windows 10 Education（教育版），以 Windows 10 企业版为基础，面向学校教师和学生。它将通过面向教育机构的批量许可计划提供给客户，学校可升级 Windows 10 家庭版和 Windows 10 专业版设备。

⑤ Windows 10 Mobile（移动版），面向尺寸较小、配置触控屏的移动设备用户，集成有与 Windows 10 家庭版相同的通用 Windows 应用和针对触控操作优化的 Office。

⑥ Windows 10 Mobile Enterprise（企业移动版），以 Windows 10 移动版为基础，增添了企业管理更新，以及及时获得更新和安全补丁软件的方式。

⑦ Windows 10 IoT Core（物联网版），主要针对物联网设备，比如智能家居和智能设备。

Windows 10 中还增加了个人智能助理——Cortana（小娜），可以记录用户的使用习惯，帮助用户在电脑上查找资料、管理日历、查找文件推送关注资讯等。Windows 10 中提供了一种新的浏览器——Microsoft Edge，可以更方便地浏览网页、阅读、分享、做笔记等，而且可以在地址栏中输入搜索内容，快速搜索。

通过本章节内容的学习，可以掌握 Windows 10 的安装以及操作系统的启动、退出；掌握 Windows 10 中的基本操作，桌面设置方法，包括鼠标的使用与设置方法、任务栏和开始菜单的基本操作以及窗口排列方法等；熟悉控制面板的使用；熟悉文件资源管理器窗口以及对文件、文件夹的相关操作；掌握软件的安装和卸载以及设备管理器的使用方法。

2.1　操作指导

2.1.1　Windows 10 的安装

下载镜像文件或通过光盘安装 Windows 10 时，需要选择 32 位（x86）或 64 位（x64）的操作系统。64 位的操作系统只能安装在 CPU 是 64 位的电脑上，32 位操作系统可以安装在 CPU 是 32 位或 64 位的电脑上。

一般我们根据内存大小选择 32 位操作系统或 64 位操作系统，如果内存不足 4GB，选择 32 位版，内存超过 4GB 的可以选择 64 位的 Windows 10 操作系统。主要原因是 32 位的 CPU 最大可以支持 4GB 的内存，64 位可以支持到 128GB 的内存。

如图 2.1 所示，右键单击"此电脑"，选择快捷菜单中的"属性"，可以查看计算机的基本信息，图中 Windows 10 版本为 Windows 教育版，采用的是 64 位操作系统，内存为 16GB。

图 2.1　计算机的基本信息

本节介绍的是 64 位操作系统的安装。

（1）选择安装源

可以选择光盘安装，或者下载 Windows 10 的镜像 ISO 文件。使用光盘引导，或者双击打开镜像文件，启动安装程序。

（2）安装程序

启动程序加载完毕后，弹出"Windows 安装"程序窗口，设置安装语言、时间格式等，一般选择设置"下一步"即可。如图 2.2 所示为安装语言设置。

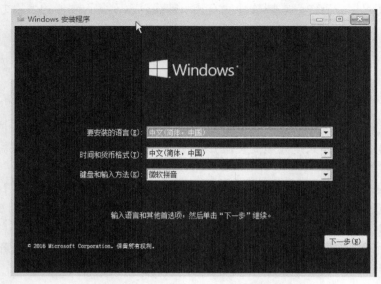

图 2.2　Windows 10 安装语言设置窗口

设置完毕，单击"现在安装"按钮，正式安装。

（3）安装

安装过程需要一定的时间，如图 2.3 所示。

图 2.3　Windows 10 的安装程序窗口

（4）安装完毕，重新启动

完成 Windows 10 操作系统的全部安装，如图 2.4 所示为 Windows 10 系统桌面。

此外，Windows 10 还提供了升级机制，用户可以在 Windows 10 正式发布之后的一年之内完成相关的升级。升级过程要做好相关准备，以免丢失相关数据。

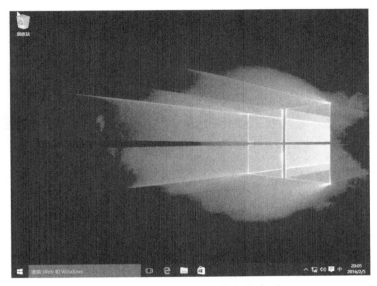

图 2.4　Windows 10 安装完毕桌面

2.1.2　Windows 10 的基本操作

2.1.2.1　Windows 10 的启动与退出

（1）Windows 10 的启动

① 开启电源，计算机自检：稍后屏幕上会出现提示信息，表示计算机开始自检。

② 若设置了用户账户密码，则需在登录界面中输入密码后按 "Enter" 键。

③ 显示桌面：完成后将显示 Windows 10 的桌面。其布局包括：桌面图标（系统图标与快捷图标）、桌面背景和任务栏，如图 2.5 所示。

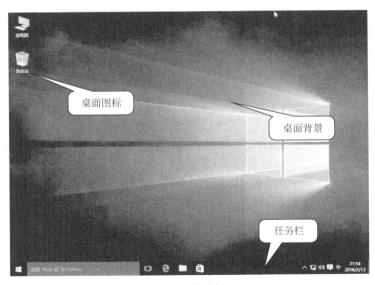

图 2.5　桌面布局

任务栏位于桌面的最下方，分为多个区域，从左到右依次为"开始"菜单按钮、任务栏按钮区、语言栏以及系统通知区（也叫托盘区），如图 2.6 所示。

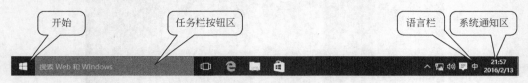

图 2.6　任务栏布局

（2）退出 Windows 10

退出 Windows 10 的方式通常有如下几种。

① 单击"开始"菜单，在弹出的"开始"菜单中单击"电源"中的"关机"；或右键单击"开始"菜单，单击"关机或注销"，进行关机操作。

② 桌面环境中，按"Alt+F4"组合键，出现如图 2.7 所示"关闭 Windows"对话框，默认选项为"关机"，单击"确定"按钮，关闭电脑。

③ 某些特殊情况下，电脑无响应，可以通过"Ctrl+Alt+Delete"组合键，进入蓝屏界面，单击右下角的"电源"按钮，完成关机。

图 2.7　关闭 Windows 对话框

2.1.2.2　窗口的基本操作

窗口是 Windows 操作系统中重要的组成部分，对窗口的操作是最基本的操作。如图 2.8 所示为"此电脑"的窗口。

（1）调整窗口大小

当窗口没有处于最大化或最小化状态时，鼠标指针放在窗口的边缘，鼠标指针发生变化，可以上下或左右移动边框，纵向或者横向改变窗口的大小。单击窗口右上角的最大化按钮和最小化按钮可以进行最大化和最小化的切换。

当窗口没有处于最大化或最小化状态时，还可以通过双击窗口的标题栏使窗口在最大化和还原状态之间切换。

（2）排列窗口

使用计算机的过程中，经常需要打开多个窗口，为了使桌面更加整洁，可以对多个窗口进行层叠、堆叠和并排。如图 2.9 所示，在任务栏空白处右键单击，按照需求选择"层叠窗口""堆叠显示窗口"和"并排显示窗口"。图 2.10 所示为层叠窗口效果。

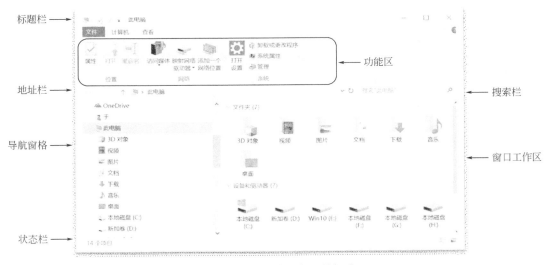

图 2.8　"此电脑"窗口的组成

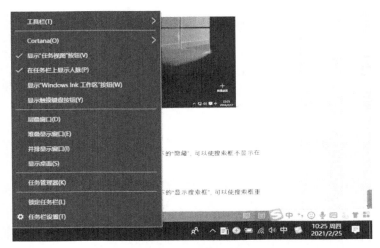

图 2.9　设置排列窗口

图 2.10　层叠窗口

（3）切换窗口

当打开多个窗口时，可以通过鼠标点击任务栏上的程序图标或者"Alt+Tab"组合键进行预览切换。除此以外，Windows 10 的状态栏上的任务视图按钮 或组合按键"Win + Tab"可以显示当前桌面环境的所有窗口缩略图，在需要切换的窗口上单击鼠标，即可快速切换。

（4）关闭窗口

关闭窗口的方式有多种，最常见的关闭方式就是通过鼠标点击×，也可以通过右键单击菜单栏，在弹出菜单中选择关闭或者使用快捷键"Alt+F4"，都可以关闭当前窗口。

2.1.2.3　开始菜单

单击屏幕左下角的开始图标 ，打开开始屏幕，如图 2.11 所示，包括菜单、程序列表和磁贴面板。

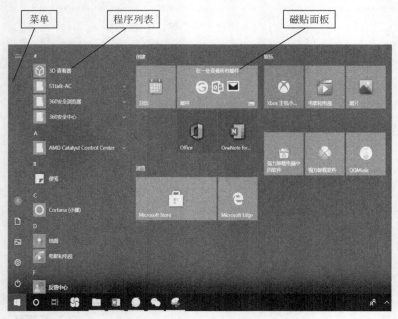

图 2.11　"开始"屏幕

（1）菜单

点击菜单部分的展开按钮，默认包括用户、文档、图片、设置、电源按钮，如图 2.12 所示。其中用户按钮可以执行更改账户设置、锁定屏幕及注销；文档可以查看电脑的"文档"文件夹中的相关文件；图片可以查看"图片"文件夹内的图片文件；设置可以打开设置面板，选择相关内容，比如系统设置、账户、时间等内容进行设置；电源主要是对系统执行"睡眠""关机""重启"相关操作的。

（2）程序列表

程序列表中显示了电脑中安装的所有应用，通过鼠标滚轮，可以浏览程序列表，单击列表中的程序，可以启动相关程序。

（3）磁贴面板

磁贴面板用来固定应用磁贴或图标，方便快速打开应用。右键单击程序列表应用项目，选择"固定到开始屏幕"，应用图标或磁贴就会出现在右侧区域中。如图 2.13 所示，将"Windows 附件"下的"截图工具"固定到右侧区域。

图 2.12 "开始"屏幕菜单展开部分

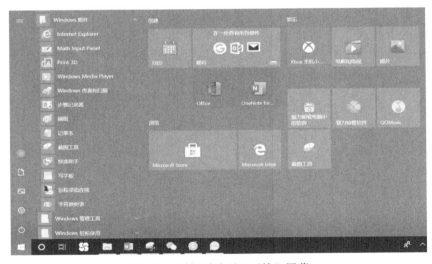

图 2.13 增加磁贴到"开始"屏幕

在动态磁贴区域，右键单击"动态磁贴"，调整大小到选择合适的大小即可，如图 2.14 所示，将日历"动态磁贴"调整大小为中。如果不喜欢磁贴中显示内容，可以选择关闭动态磁贴，右键单击"动态磁贴"，选择"更多"中的"关闭动态磁贴"。

大家可以尝试右键单击开始菜单按钮▦，弹出的快捷菜单可以方便地进行许多常用设置。

2.1.2.4 任务栏的设置

（1）锁定任务栏

在任务栏的空白处，单击鼠标右键，在弹出的快捷菜单中单击"锁定任务栏"命令，可以保证任务栏位于最低端，不移动，不改变大小。

图 2.14 调整磁贴大小

（2）调整任务栏大小

右键单击任务栏空白处，取消"锁定任务栏"，将鼠标放置到任务栏的边界，鼠标从选择箭头变为上下箭头的时候可以向上拖拽鼠标，调整任务栏的大小。默认情况下任务栏位于桌面底端，当任务栏处于未锁定状态时，可以用鼠标拖拽任务栏到屏幕的左侧、右侧或顶部。

（3）设置任务栏

右键单击任务栏空白处，选择"任务栏设置"，如图 2.15 所示，可以设置桌面模式下是否隐藏任务栏保持桌面整洁。任务栏可以进一步设置选择哪些图标显示在任务栏，设置任务栏位置等。

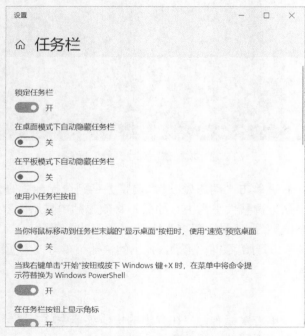

图 2.15 任务栏设置

2.1.2.5　如何使用截图工具

截图工具能够将屏幕中显示的内容截取为图片，并保存为文件或应用到其他程序中。

单击"开始"菜单，在"所有应用"中查找"Windows 附件"中的"截图工具"，启动截图工具，如图 2.16 所示。在"截图工具"对话框中，单击"新建"按钮右侧的下拉按钮，选择"窗口截图"选项，将鼠标指针指向要截取的窗口并单击，即可将所选窗口截取为完整的图片。使用"截图工具"截取"计算器"窗口，如图 2.17 所示。

图 2.16　截图工具　　　　　　　　　　　　图 2.17　窗口截图

在"截图工具"对话框中，单击"新建"按钮右侧的下拉按钮，选择"全屏幕截图"选项，就会自动截取全屏幕并显示在"截图工具"窗口中。

使用"PrintScreen"组合键可以截取全屏，使用"Alt+PrintScreen"组合键可以截取当前活动窗口。

2.1.3　Windows 10 的个性化设置

2.1.3.1　设置日期和时间

可以通过系统的日期和时间设置修改系统日期、时间及其相关格式。

右键单击任务栏时间日期区域，在弹出菜单中选择"调整日期/时间"，如图 2.18 所示，将"自动设置时间"设为打开状态。

如图 2.18 所示，单击左侧的"区域"，打开如图 2.19 所示的区域窗口，进行日期和时间的格式设置。

2.1.3.2　设置输入法

Windows 10 操作系统自带微软拼音输入法，如果不能满足用户需求，可以自行下载安装比如搜狗、QQ 拼音等输入法。下面以安装搜狗输入法为例。

登录 https://pinyin.sogou.com/官网，下载安装程序，双击下载的文件，根据导航进行安装，如图 2.20 所示。

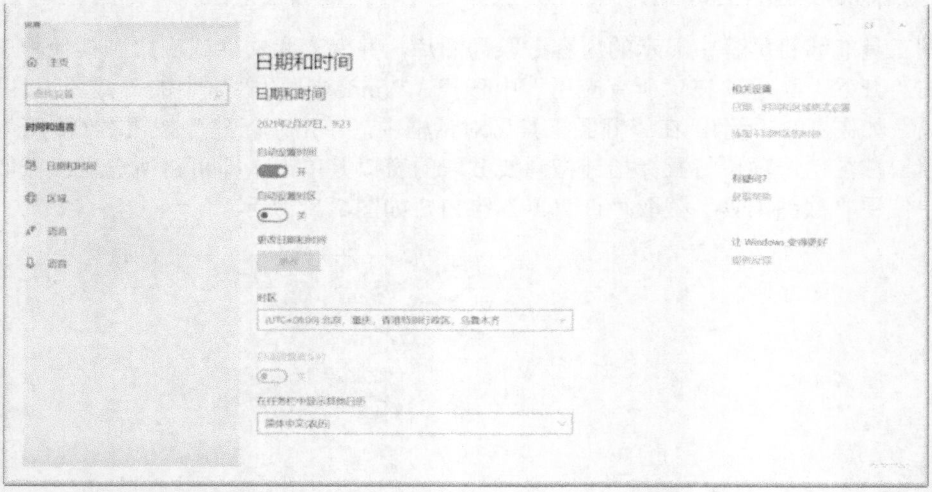

图 2.18　日期和时间设置窗口

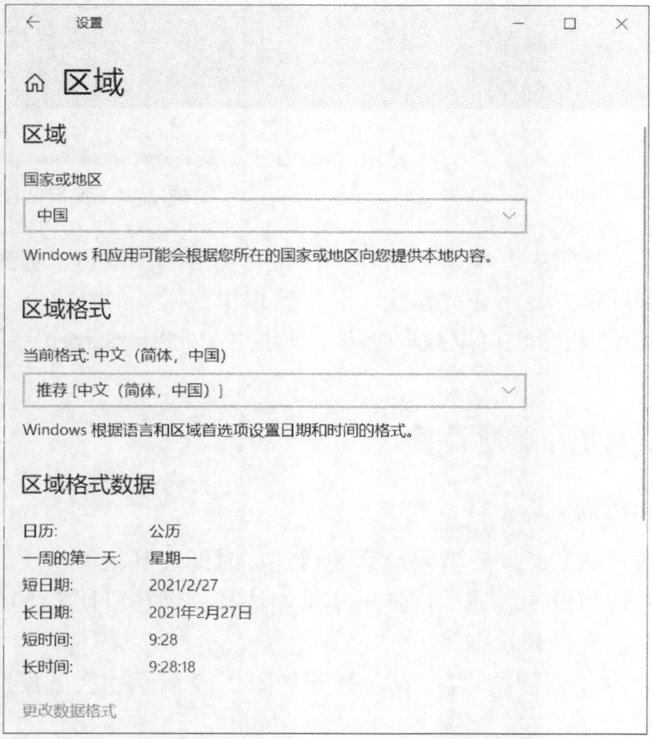

图 2.19　设置时间日期数据格式

　　输入法安装完毕，通过"Win + 空格"或"Ctrl + Space"可以在输入法之间进行切换。单击输入法出现的弹出菜单中的"语言首选项设置"，还可以选择将输入法进行删除等操作。

图 2.20　搜狗输入法安装向导

2.1.3.3　显示个性化设置

（1）设置桌面图标

① 添加、更改桌面图标　Windows 10 安装完毕，默认状态的桌面上只有一个"回收站"系统图标，可以更改和添加系统图标。右键单击桌面空白区域，在弹出的快捷菜单中选择"个性化"命令，打开"个性化"窗口，单击"主题"，如图 2.21 所示。打开"桌面图标设置"对话框，选中需要添加图标的复选框，这里假设选中"计算机"复选框，单击"确定"按钮，完成在桌面添加"计算机"图标的操作，如图 2.22 所示，还可以添加回收站、控制面板、网络等图标。单击"更改图标"还可以变换显示图标。如图 2.22 所示，单击更改图标，可以从列表框中选择喜欢的图标，修改图标图片。

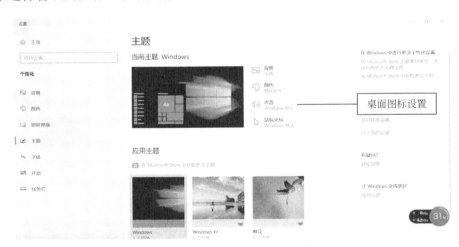

图 2.21　个性化中的"主题"设置

② 设置桌面图标的大小和排列方式　当桌面图标比较多时，可以通过设置图标大小和排列方式等整理桌面。

　　a. 设置图标大小：右键单击桌面的空白处，在弹出的快捷菜单中，选择"查看"子菜单中的命令，可以按照大图标、中等图标、小图标或自动排列图标等重新排列桌面上的图标，如图 2.23 所示。

图 2.22　桌面图标设置

  b. 排列图标方式：右键单击桌面的空白处，在弹出的快捷菜单中，选择"排序方式"子菜单中的命令，按照名称、大小、项目类型、修改日期等方式排列图标，如图 2.24 所示。

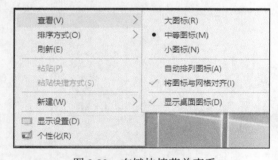

图 2.23　右键快捷菜单查看

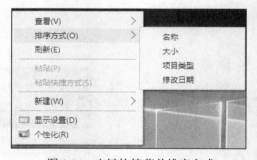

图 2.24　右键快捷菜单排序方式

（2）设置桌面背景

  鼠标右键单击桌面空白区域，在弹出的快捷菜单中选择"个性化"命令，打开"个性化"窗口。单击左侧"背景"选项，选择自己喜爱的图片设置桌面背景图案，在"选择契合度"的下拉菜单中可以选择是填充、平铺、居中、拉伸、跨区还是适应，如图 2.25 所示。

（3）设置锁屏界面

  在图 2.25 的个性化设置窗口，单击左侧"锁屏界面"中的"屏幕保护程序设置"，打开图 2.26 所示界面，设置屏幕保护程序。选择屏幕保护程序中的"彩带"，此时"设置""预览"按钮和时间输入框变为可用，同时上方的预览窗口出现相应的背景图案。在"等待"微调框中单击上下箭头按钮可以改变等待的时间（等待时间是指设置屏幕保护程序前系统可处于闲置的时间）。选中"在恢复时显示登录屏幕"用于退出屏幕保护后需要进行密码认证后登录系统。如要查看屏幕保护程序全屏显示的方式，可单击"预览"按钮，移动鼠标或按任意键结束预览。

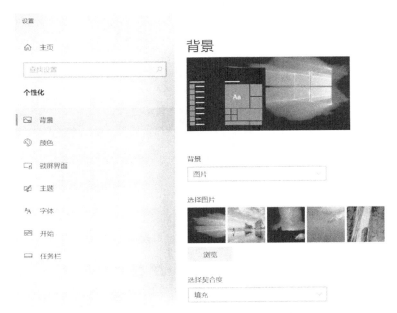

图 2.25　"个性化"设置"背景"窗口

图 2.26　屏幕保护程序设置

（4）设置主题

主题是桌面背景图片、窗口颜色和声音的组合。Windows 10 采用了新的主题方案，无边框设计的窗口、扁平化设计的图标等，更有现代感。如图 2.27 所示，可以选择已有的"应用主题"，也可以下载更多的主题。

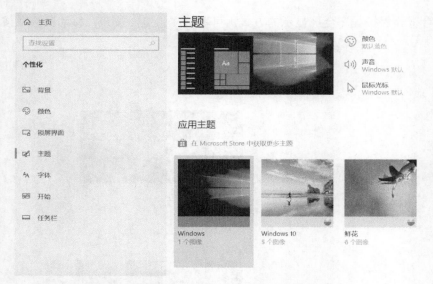

图 2.27　个性化"主题"设置

单击图 2.27 中的"鼠标光标"，还可以进行鼠标的设置，如图 2.28 所示，在"指针"选项卡"方案"下拉列表中选择鼠标主题。切换到"滑轮"选项卡，可以设置垂直滚动和水平滚动行数，这里设置为 3，如图 2.29 所示。单击"确定"按钮，即应用设置。

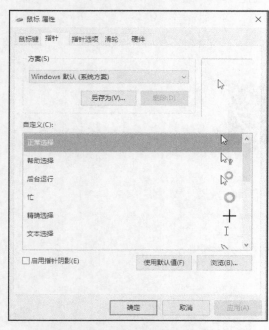

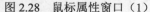

图 2.28　鼠标属性窗口（1）

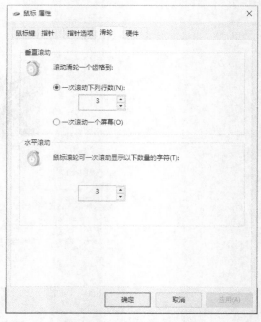

图 2.29　鼠标属性窗口（2）

（5）设置分辨率

屏幕分辨率是指在屏幕上显示的文本和图像的清晰度。使用较高的分辨率，项目显示得更加清晰，并且显示得较小，因此屏幕可以容纳更多项目。使用较低的分辨率，屏幕容纳的项目较少，但项目显示得较大。

桌面空白处右键单击，选择"显示设置"，如图 2.30 所示，单击"分辨率"右侧的下拉按钮，在弹出的分辨率列表中选择合适的分辨率，这里选择了系统推荐的分辨率 1920×1080。

图 2.30　显示窗口设置

2.1.3.4　虚拟桌面

"虚拟桌面"也可看作是 Windows 10 中一项另类的窗口管理功能，指放不下的窗口直接"扔"到其他"桌面"。虚拟桌面可以通过组合键"Win+Tab"实现，按键后，系统会自动展开一个桌面页，通过单击"新建桌面"建立新桌面。当感觉到当前桌面不够用时，只要将多余窗口用鼠标拖至其他"桌面"即可，简单且很方便，如图 2.31 所示。虚拟桌面创建后，可以单击不同的虚拟桌面缩略图，打开虚拟桌面。如果要关闭虚拟桌面，可以通过单击虚拟桌面右上角的关闭按钮，也可以通过快捷键"Win+Ctrl+F4"关闭。

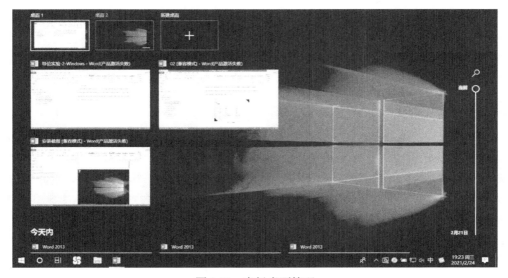

图 2.31　虚拟桌面管理

2.1.4 Windows 10 的文件管理

2.1.4.1 文件系统的概念

操作系统的基本功能之一就是文件管理，存放在硬盘上的数据等以文件的形式进行组织与管理。从用户的角度看，文件系统就是怎样给文件命名、怎样保护文件、可以对文件进行哪些操作以及对磁盘空间的管理等。

早期的 Windows 文件系统有 FAT12、FAT16，从 Windows 98 开始采用的文件系统是 FAT32，Windows 7、Windows 8、Windows 10 等较新的操作系统采用 NTFS（新技术文件系统），如图 2.32 所示是一个基于安全性的文件系统。文件系统向下兼容，小容量的 U 盘等依旧采用 FAT32 文件系统，如图 2.33 所示；硬盘采用的是 NTFS 文件系统，如图 2.32 所示。2017 年微软宣布推出 Windows 10 Pro for Workstations（工作站）系统，采用 ReFS 文件系统（弹性文件系统），这是 NTFS 文件格式的继承者，专注于容错以及大数据运算，自带容错。

图 2.32　Windows 10 中的 NTFS 文件系统　　　图 2.33　U 盘中的 FAT32 文件系统

2.1.4.2 文件和文件夹

（1）文件名

文件的具体命名规则在各个系统中有所不同，Windows 10 中支持的文件名由文件名和扩展名两部分组成，中间由小圆点"."分隔。文件名不得超过 255 个英文字符，不能含有"？""、""/""\""*""<"">""|"等字符；扩展名通常用来表示文件类型，常见的典型文件扩展名如表 2.1 所示。

（2）文件夹

文件夹用于保存和管理计算机中的文件，也称为文件目录，文件夹内可以建子文件夹，形成多级目录。

表 2.1　部分典型的文件扩展名

扩展名	含义	扩展名	含义
.bak	备份文件	.txt	文本文件
.c	C 源程序文件	.gif　.bmp　.jpg　.jpeg	图像文件格式
.rar　.zip	压缩文件	.avi　.mpg　.mp4	视频文件
.wav　.mp3	音频文件	.exe	可执行文件
.doc　.docx	Word 文档	.xls　.xlsx	Excel 表格文档
.ppt　.pptx	Powerpoint 文档	.tmp	临时文件

（3）文件路径

文件路径即文件在计算机中所处的位置，用一系列字符来表示，包括绝对路径和相对路径。绝对路径是指以盘符 C、D 等为开头的路径，是在硬盘上放的绝对位置，如"C:\Windows\System32\notepad.exe"，可以通过对文件单击右键的属性中获取；相对路径是从当前路径开始的路径，假如当前路径为"C:\Windows"，要描述上述路径，只需输入"System32\notepad.exe"。

2.1.4.3　文件资源管理器

文件资源管理器是 Windows 操作系统提供的资源管理工具，我们可以用它查看本台电脑的所有资源，特别是它提供的树形的文件系统结构，使我们能更清楚、更直观地认识电脑的文件和文件夹。文件管理主要是在资源管理窗口实现的。

（1）打开资源管理器

单击桌面图标"此电脑"或右键单击"开始"菜单，选择"文件资源管理器"，打开如图 2.34 所示的文件资源管理器。Windows 10 中的文件资源管理器采用了 Ribbon 界面，使用标签页和功能区的形式，便于用户的管理。

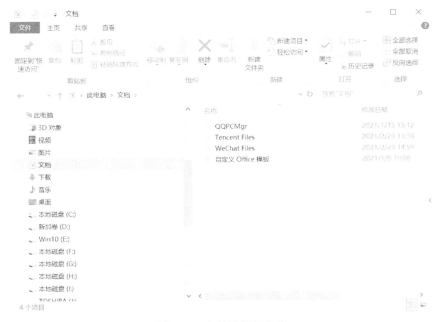

图 2.34　文件资源管理器

打开"文件资源管理器",可以通过组合按钮"Ctrl+F1"展开或隐藏功能区,展开功能区默认是"主页"标签页,主要包含对文件的复制、移动、粘贴、重命名、删除、查看属性和选择等操作。"共享"标签页主要包含对文件的发送和共享操作,如文件的压缩、打印等。"查看"标签页主要包含对窗口、布局、视图和显示/隐藏等操作。

(2)选择文件和文件夹

在窗口中,单击文件或文件夹的图标,即可选中该文件或文件夹。

按住"Ctrl"键不放,然后单击待选定的文件或文件夹图标,最后释放"Ctrl"键,即可一次选中多个不连续的对象。

按鼠标左键并拖动鼠标,这时出现一个矩形框,拖动鼠标改变矩形框大小,释放鼠标即可选择矩形框内的对象。

单击某个文件或文件夹的图标或名称,然后按住"Shift"键不放,再单击另一个文件或文件夹的图标或名称,最后释放"Shift"键,即可选中这两个文件或文件夹之间的所有对象。单击文件资源管理器中的"主页"标签中的"组织"选项卡,可以进行全部选择或反向选择等。或者按"Ctrl+A"键,可以选中当前文件夹中的所有对象。

(3)文件排序

打开文件资源管理器,定位到要显示的文件夹。单击窗口"查看"标签的"排序方式"选项卡,或在文件夹窗口空白处右击,在弹出的快捷菜单中选择"排序方式",效果如图 2.35 所示。单击"选择列",可以选择更多排序方式,如图 2.36 所示。

图 2.35　文件排序方式　　　　　　　图 2.36　更多排序选择

(4)改变文件的查看方式

在文件资源管理窗口中,定位到左侧要显示的文件夹,单击窗口 "查看"标签的"布局"选项卡,Windows 10 提供了效果不同的 8 种查看方式,分别是超大图标、大图标、中图标、小图标、平铺、列表、详细信息和内容等显示方式,选择文件或文件夹以列表形式显示的效果如图 2.37 所示。

图 2.37　文件和文件夹的列表显示效果

（5）新建、重命名文件和文件夹

① 新建文件和文件夹　在文件资源管理器中，在某分区或文件夹中单击"主页"选项中的"新建"选项卡，即可创建一个新文件夹。或在窗口的空白处单击鼠标右键，在弹出菜单中选择"新建"命令，在弹出的子菜单中选择需要的文件类型即可新建相应的文件，如图 2.38 所示。

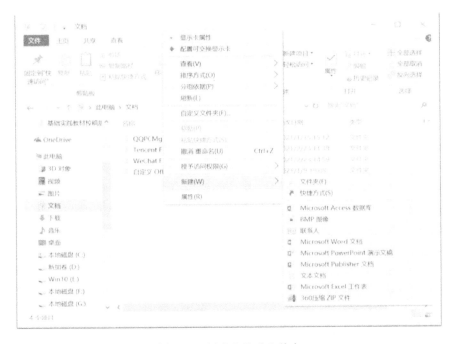

图 2.38　新建文件或文件夹

31

② 重命名文件和文件夹　单击选中要修改的文件或文件夹，单击"主页"弹出菜单中的"组织"选项卡，单击"重命名"命令，输入新的文件或文件夹名称即可。或者通过单击选中要修改的文件或文件夹，右键单击选择"重命名"，或按快捷键"F2"，输入新的文件夹或文件名称即可。

（6）移动、复制文件和文件夹

① 移动文件和文件夹　在需要移动的文件和文件夹上单击右键快捷菜单中的"剪切"，或者单击文件资源管理器中的"主页"标签下的"移动到"，选定目标位置，右键选择"粘贴"即可。

另外选择要移动的文件和文件夹，用鼠标直接拖动到目标位置，也是一种简单的文件移动操作。

还有很多人习惯使用快捷键，选择要移动的文件或文件夹，按"Ctrl+X"组合键，然后在目标位置按"Ctrl+V"组合键即可。

② 复制文件和文件夹　完成复制文件和文件夹可以通过以下几种方式。
　　a. 在需要复制的文件或文件夹上单击鼠标右键，并在弹出的快捷菜单中选择"复制"菜单命令，在目标存储位置单击右键，在弹出的菜单中选择"粘贴"即可；
　　b. 选择要复制的文件或文件夹，按住"Ctrl"键拖动到目标位置释放，完成复制；
　　c. 选择要复制的文件或文件夹，按 "Ctrl+C"组合键，然后在目标位置按"Ctrl+V"组合键完成复制。

（7）删除、还原文件和文件夹

① 删除文件和文件夹　选中所有不再需要的文件，单击文件资源管理器窗口中"主页"选项卡中的"删除"命令（也可以使用鼠标右键快捷键），选择"回收"进入回收站，选择"永久删除"不经过回收站直接删除，如图 2.39 所示。

图 2.39　删除文件和文件夹

② 还原文件和文件夹　双击桌面上的"回收站"图标，在"回收站"窗口中选中刚才被删除的文件，单击"还原此项目"命令,该文件即可被还原到原来的位置。在"回收站"窗口中选择"清空回收站"命令，回收站中所有的文件均被彻底删除，无法再还原。

注意：放入回收站的文件或文件夹仍然占用磁盘空间。选中文件，按"Delete"键删除，则文件将进入回收站；如果按住"Delete"键时辅助"Shift"键，则确认后删除的文件不经过回收站，被永久删除。

（8）隐藏/显示文件和文件夹、显示文件扩展名

① 隐藏文件和文件夹　为了防止其他用户查看或修改计算机中的重要文件和文件夹，可

以将某些文件或文件夹隐藏。在文件资源管理器窗口，选中需要隐藏的文件或文件夹，一种方法是通过右键单击，在快捷菜单中选择"属性"，勾选"隐藏"，如图 2.40 所示；另一种方法是单击"查看"选项卡中的"隐藏所选项目"，如图 2.41 所示。当"隐藏的项目"选项卡处于勾选状态的时候，隐藏文件处于虚化状态，去除"隐藏的项目"勾选框，隐藏文件不可见。

图 2.40 文件属性窗口

图 2.41 文件资源管理器"查看"选项卡

② 显示文件和文件夹 在图 2.41 中，选中虚化的隐藏文件，单击"隐藏所选项目"，可以让文件取消隐藏状态。

③ 显示文件扩展名 默认状态下，文件的扩展名处于隐藏状态，扩展名用于查看文件的类型，如果需要显示扩展名，如图 2.42 所示，勾选"查看"标签下的"文件扩展名"。

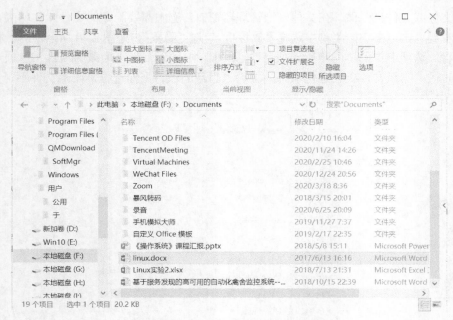

图 2.42　显示文件扩展名

（9）搜索文件或文件夹

当我们需要查找某个文件或文件夹在磁盘中的位置的时候，可以使用 Windows 10 的搜索功能进行查找。

在文件资源管理器窗口，单击窗口地址栏后面的"搜索框"，可以激活"搜索工具"选项卡，如图 2.43 所示，可以在搜索窗口进行关键词检索。根据需要，可以在"优化"选项组中选择修改日期、类型、大小、其他属性来设置搜索条件，以缩小搜索范围。

图 2.43　搜索工具选项卡

Windows 10 中默认不显示文件的扩展名，搜索文件的时候如果想通过名称中的扩展名来搜索文件，需要先按照前面讲解的设置显示文件扩展名，将扩展名显示出来。

（10）查看对象属性

有时候用户需要进一步了解文件或者文件夹的详细信息，例如文件类型、打开方式、大小等，可以查看文件或文件夹的属性。

在文件资源管理器窗口，选中要查看属性的文件、文件夹、磁盘等对象。若选中"本地磁盘 C"，单击"主页"标签中的"属性"，或者右键单击"本地磁盘 C"，在快捷菜单中选择"属性"命令，打开磁盘属性对话框，查看磁盘属性，如图 2.44 所示。使用同样的方法可以查看文件或文件夹的属性。

图 2.44　查看磁盘或文件夹属性

2.1.4.4　库的使用

库是从 Windows 7 开始引入的概念，是一个强大的文件管理器，可以对音频、视频、图片、文档等进行统一管理、搜索，提高工作效率。

库只是提供了管理文件的索引，但文件并没有被真正地存放在库中，一般 Windows 10 自带视频、图片、音乐和文档等多个库，根据需要也可以新建库。

如图 2.45 所示，在文件资源管理器窗口的左侧单击"库"文件夹，显示的为已有库。在右侧空白处右键单击"新建"，单击"库"，将新建库命名为"计算机导论"。然后定位要添加到新库中的"计算机导论课件"文件夹，右键单击，在弹出的快捷菜单中选择"包含到库中"，

图 2.45　新建"计算机导论"库

添加到"计算机导论库"中，如图 2.46 所示。计算机导论库只是提供了相关文件的索引，文件仍然存放在原来的位置中。

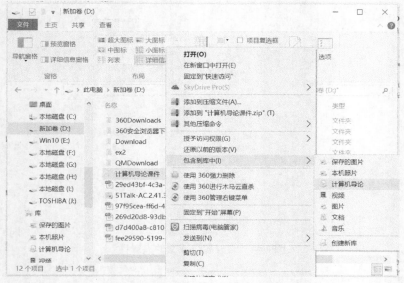

图 2.46　添加文件夹到新建库

2.1.4.5　设置快捷方式

① 如果是对开始菜单中的某个应用创建快捷方式，选中应用图标，将其拖往桌面，释放鼠标，即可添加该图标。

② 对于文件或者文件夹，右键单击一个文件或文件夹，选择快捷菜单中的"创建快捷方式"命令，创建一个快捷方式图标，将它拖往桌面，释放鼠标，即可添加该图标。

③ 右键单击桌面的空白处，在弹出的快捷菜单中，选择"新建"子菜单中的命令中的快捷方式，可以在桌面添加快捷方式图标，如图 2.47 所示。在对话框中键入创建快捷方式的对象或通过浏览完成设置。

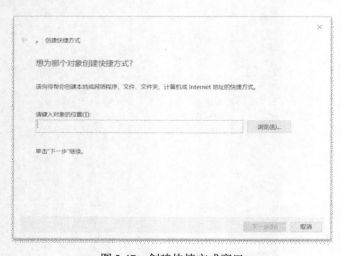

图 2.47　创建快捷方式窗口

2.1.5　操作系统高级操作

2.1.5.1　任务管理器的使用

Windows 任务管理器提供了有关计算机性能的信息，并显示了计算机上所运行的程序和进程的详细信息。

在"任务栏"空白处右键单击选择"任务管理器"，如图 2.48 所示，默认停留在"进程"标签，可以显示前台的应用程序和后台的应用进程，选中需要结束的应用程序，单击"结束任务"，可以结束应用程序。单击左下角的"简略信息"只显示前台的应用程序。使用组合键"Ctrl+Alt+Delete"也可以打开任务管理器。

单击"性能"标签，如图 2.49 所示，可以显示系统的 CPU、内存、磁盘等的使用情况，更好地了解电脑系统的性能。

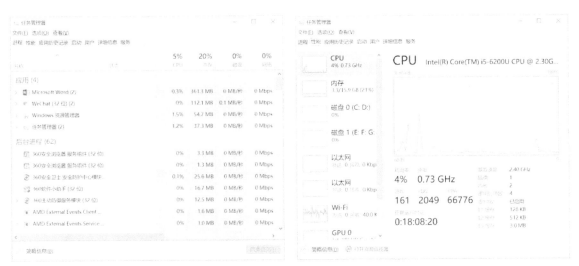

图 2.48　任务管理器窗口（1）　　　　图 2.49　任务管理器窗口（2）

2.1.5.2　用户账户的设置

单击"开始"菜单![]，然后单击本地账户头像，如图 2.50 所示，在弹出的快捷菜单中，点击"更改用户账户"命令，弹出用户账户设置窗口，如图 2.51 所示，可以单击左侧"账户信息"修改本地账户为 Microsoft 账户，使用 Microsoft 账户登录可以使设置和文件自动同步，更好地发挥 Windows 的性能，使 Microsoft 账户轻松获取所有设备上的内容。

单击左侧"家庭和其他用户"，可以添加其他的本地用户账户，如图 2.52（a）所示，单击"将其他人添加到这台电脑"，出现如图 2.52（b）所示的对话框，设置添加用户的登录信息，当选择"我没有这个人的登录信息"时，可以设置一个没有 Microsoft 账户的本地用户，根据向导设置用户名、密码以及忘记密码的提示问题，本地用户创建完成，如图 2.53 所示，还可以修改本地账户的类型，设置为标准用户或者管理员用户，添加的用户如果不需要，可以进行删除，如图 2.54 所示。

图 2.50　更改用户设置　　　　　　　　图 2.51　设置账户信息

(a)　　　　　　　　　　　　　　(b)

图 2.52　添加用户账户

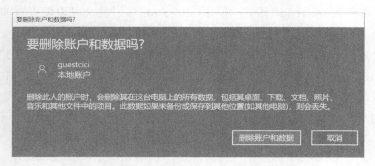

图 2.53　更改用户账户类型

图 2.54　删除用户账户类型

2.1.5.3　安装、卸载应用程序

为了让计算机实现更多的功能，往往需要安装新的软件。安装软件前需要先获得软件的安装程序，可以购买软件安装光盘，也可以通过网络下载。下载可执行文件，一般为 setup.exe、install.exe 或以软件名称命名的安装程序（有时下载的是压缩包，需要先进行解压缩），双击安装程序即可按照安装向导完成应用程序的安装。安装后的软件会显示在"开始"菜单中的"所有程序"列表中，部分软件还会自动在桌面上创建快捷启动图标。

不再使用的软件可以通过系统卸载，一种方法是通过程序自带的卸载功能进行卸载，另一种方法是通过控制面板中的"程序"来卸载。在"开始"菜单右键单击选择"设置"命令，打开如图 2.55 所示默认"应用和功能"的设置窗口，选择右侧的"程序和功能"，打开如图 2.56 所示的窗口，右键单击要卸载的程序，选择"卸载/更改"，选择直接卸载系统应用程序或者修复应用程序。

图 2.55　"应用和功能"设置窗口

图 2.56　"程序和功能"设置窗口

2.1.5.4 磁盘管理

右键单击"开始"菜单选择"磁盘管理",或者右键单击"此电脑",选择"管理",单击"磁盘管理",打开如图 2.57 所示窗口,可以查看磁盘的分区情况以及磁盘的文件系统等基本信息。

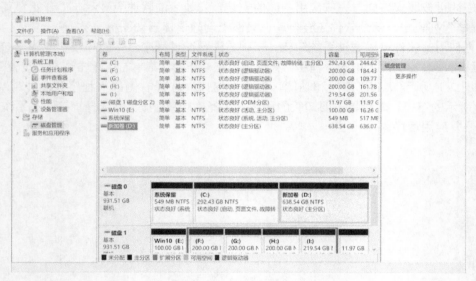

图 2.57　磁盘管理窗口

如图 2.58 所示,本示例中有两块硬盘,右键单击磁盘,选择"属性",弹出如图 2.59 所示的磁盘属性窗口。

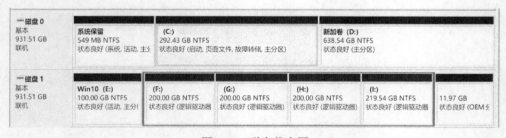

图 2.58　磁盘状态图

系统运行一段时间以后,随着磁盘存储内容的增多,可能会存在磁盘碎片,影响到系统的运行速度。对磁盘碎片的整理指的是系统尽量让不连续的文件和文件夹移动到卷上相邻的位置,形成独立的连续空间。单击图 2.59 中的"磁盘清理",出现如图 2.60 所示的优化驱动器窗口,可以进行磁盘碎片整理和优化。

2.1.5.5 硬件设备的管理

右键单击"此电脑",选择"属性"(或者通过组合键"Win+Break")打开"系统"窗口,如图 2.61 所示。可以显示 Windows 操作系统的版本、处理器的型号、操作系统字长、内存大小等基础信息。单击左侧的"设备管理器"窗口,可以显示计算机所有的硬件配置信息,如图 2.62 所示。比如我们想要查看显卡(显示适配器)的相关信息,可以通过单击"显示适配器"，在弹出的具体显卡型号上单击右键，选择"属性"菜单，如图 2.63 所示，可以查看机器中显卡的类型、制造商，还可以通过"驱动程序"选项卡，查看驱动程序的相关信息，在这里还可以进行驱动程序的更新等操作。当在图 2.62 中的"设备管理器"窗口中出现 时，表明该硬件设备有问题，可以通过右键单击问题设备选择"属性"信息，进行详细问题的查看。

图 2.59　磁盘属性窗口

图 2.60　优化驱动器窗口

图 2.61　系统窗口

图 2.62　设备处理器窗口

2.1.5.6　远程访问桌面

远程桌面可以帮助我们连接远程的计算机进行操作。

（1）设置允许网络连接

远程计算机应允许远程协助连接这台计算机，并保持开机，需进行如下操作。

① 右键单击桌面的"此电脑"并选择"属性",选择"远程"设置,打开系统属性界面如图 2.64 所示。

图 2.63　显示适配器信息窗口

图 2.64　系统属性

② 选择"允许远程连接到此计算机",并选择添加需要远程的用户,单击"选择用户"进入远程桌面用户页面,如图 2.65 所示,单击"添加"按钮添加远程控制的计算机用户名,单击"确定"按钮。

③ 如图 2.66 所示,在空白框内输入远程计算机用户名,再单击"检查名称"即可。

图 2.65　远程桌面用户

图 2.66　选择用户

(2)进行远程连接

① 单击"开始"菜单"Windows 附件"中的"远程桌面连接",如图 2.67 所示。

图 2.67　远程桌面连接

② 输入远程计算机用户名或计算机 IP 地址即可。

2.1.5.7　共享打印机

若要两台或者多台打印机共享，首先设置并共享局域网内连接计算机的打印机，然后局域网内其他计算机找到那台计算机共享出去的打印机，并且连接使用。共享打印前请确认共享者的计算机和使用者的计算机是在同一个局域网内，同时该局域网是畅通的，并且操作系统最好是相同的。

（1）共享带有打印机的计算机

① 确认与共享打印机相连的计算机处于开机状态，并且已经安装过打印机驱动程序。

② 打开"控制面板"，单击"设备和打印机"打开图 2.68 所示界面，在打印机上右键单击选择"打印机属性"，单击"共享"按钮，如图 2.69 所示，勾选"共享这台打印机"，设置打印机名字，本例设置打印机名字为"HP M1530"。

图 2.68　设备和打印机

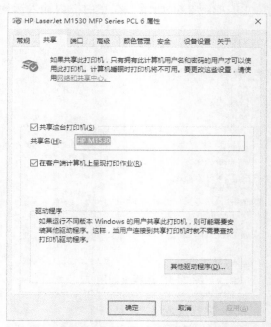

图 2.69　共享打印机属性

（2）同组在局域网内寻找共享打印机

① 右键单击"开始"菜单并选择"运行"，打开运行命令窗口，如图 2.70 所示，输入"\\打印机所在计算机的 IP 地址"形式的字串。

② 单击"确定"按钮，打开图 2.71 所示界面，找到共享打印机，右键单击"连接"，连接成功即可打印。

图 2.70 运行命令窗口 　　　　　　　　图 2.71 共享打印

2.1.5.8 控制面板的使用

Windows 7 大部分的设置都会在"控制面板"中实现，Windows 10 中的"控制面板"的功能实现大部分放在"设置"中，不过 Windows 10 也保留了控制面板。控制面板可以通过桌面图标"控制面板"（"个性化"设置桌面图标中可以添加在桌面显示）打开，或者通过"开始"菜单程序列表中的"Windows 系统"中的"控制面板"，打开如图 2.72 所示的控制面板。计算机系统中大部分的设置可以在此完成。

图 2.72 控制面板窗口

2.2 综合实验

2.2.1 操作要求

某同学有一台计算机，安装了 Windows 10 操作系统，现需完成以下操作设置。

① 创建一个本地新用户 MYUSER，权限为计算机管理员，并设置登录密码为包含数字、大小写字母及特殊符号的强密码。

② 将"控制面板"添加为桌面图标；如果桌面上有"控制面板"图标，将"控制面板"图标取消/显示在桌面上。

③ 将桌面背景更换设置为幻灯片放映效果，设置图片切换频率为 30min，契合度为居中。

④ 将屏幕保护程序设置为"彩带"，并把等待时间设置为 10min，预览查看效果。

⑤ 打开此电脑、记事本、画图、回收站应用程序，在各个窗口之间进行快速切换。

⑥ 将⑤中各程序窗口进行"堆叠显示窗口""并排显示窗口"和"层叠窗口"设置，然后启动任务管理器，结束画图程序，并查看 CPU 性能以及内存使用情况。

⑦ 调整任务栏的位置到屏幕顶部，并使用小任务栏按钮，隐藏任务栏，然后取消隐藏，恢复至屏幕底部，锁定任务栏。

⑧ 设置取消或显示在任务栏上的时钟图标。

⑨ 将开始菜单中的"画图"应用固定到开始菜单，然后添加到右侧动态磁贴。

⑩ 一次最小化所有打开窗口。

⑪ 设置"鼠标"滚动滑轮一次滚动 5 行。

⑫ 查看计算机的分辨率。

⑬ 先按"中图标"查看桌面图标，然后按照"名称"排列桌面图标。

⑭ 启动虚拟桌面，将记事本放入新建的虚拟桌面上。

⑮ 在桌面上建立 IE 浏览器和 Windows 主目录下的 notepad 程序的快捷方式。注：在"开始"菜单中可找到 IE 浏览器图标；而记事本程序是 Windows 附带的小程序，程序默认安装位置在 Windows 主目录下，Windows 主目录一般是 C:\Windows。

⑯ 查看计算机基本信息、安装的操作系统、CPU 等，更改计算机描述信息为 admin。

⑰ 在桌面上新建一个文件夹 test，在文件夹内新建一个文本文件 file，显示 file 文件的扩展名，然后将文本文件 file 隐藏。

⑱ 重新显示新建文件夹 test 中的 file 文件，并将 file 文件复制到 D 盘下，重命名为 file_new。

⑲ 快速删除 D 盘中的文件 file_new，不经过回收站。

⑳ 删除 test 文件夹中的 file 文件，然后利用回收站还原。

㉑ 将桌面上的文件夹 test 设置为隐藏，并且应用于它的子文件夹和文件。

㉒ 截取一个活动窗口，截取全部屏幕。

㉓ 选用"大图标、详细信息"等方式查看 C:\Windows（或 C:\Windows）下的内容，实现查看文件和文件夹按文件类型、修改时间排序显示。

㉔ 连续选择或不连续选择多个 C:\Windows（或 C:\Windows）中的文件。

㉕ 搜索计算机中扩展名为.docx 的文件，并选择其中一个文件查看其文件夹的路径。

㉖　查看硬盘有几个分区，各分区的文件系统类型、容量大小及未使用空间的大小。

㉗　查看系统都有哪些硬件设备。

㉘　删除一个应用程序。

㉙　设置更新方式为自动更新。

㉚　设置 Windows 系统的虚拟内存。

2.2.2　操作提示

①　开始菜单→用户账户→更改账户设置→家庭及其他用户→将其他人添置到电脑→创建账户→单击 MYUSER 账户→创建密码→管理员。

②　右键单击桌面空白处→个性化→主题→桌面图标设置→选中控制面板→应用确定，用同样方式可以勾选取消显示控制面板。

③　右键单击桌面空白处→个性化→背景→幻灯片放映→更改图片频率 30min→契合度居中→保存修改。

④　右键单击桌面空白处→个性化→锁屏界面→屏幕保护程序→选择彩带→等待 10min→预览→确定。

⑤　打开相关窗口，通过"Alt+Tab""Win+Tab"进行快速切换。

⑥　将打开的应用程序及相关窗口，在任务栏空白处单击右键→选择层叠窗口等设置，在任务栏空白处单击右键→启动任务管理器→应用程序选项卡→画图程序→性能→查看相关 CPU 和内存性能→结束任务。

⑦　如果任务栏处于锁定状态，首先通过任务栏空白处右键单击去除"锁定任务栏"，任务栏空白处右键单击"任务栏设置"完成相关设置。

⑧　任务栏空白处右键单击打开任务栏设置→打开关闭系统图标→关闭时钟图标。

⑨　开始菜单→右键单击画图→固定到开始屏幕。

⑩　任务栏空白处右键单击"显示桌面"。

⑪　右键单击桌面空白处→个性化→主题→鼠标光标→滑轮→垂直滚动行数 5。

⑫　右键单击桌面空白处→显示设置→高级显示设置→查看选择推荐的屏幕分辨率。

⑬　右键单击桌面空白处→查看→中图标→排列方式→名字。

⑭　"Win+Tab"组合键→拖动记事本到屏幕下端的虚拟桌面。

⑮　开始→拖动 IE 浏览器到桌面→创建快捷方式。

打开文件资源管理器→C:\Windows→找到 notepad→选中右键单击→发送到桌面快捷方式。

说明：如果知道程序名字，但不知道程序位置，可以利用操作系统提供的搜索文件功能搜索。

⑯　右键单击"此电脑"→属性→查看相关信息，单击"更改设置"，设置计算机描述信息为"admin"。

⑰　在桌面右键单击→新建文件夹 test→双击进入文件夹→右键创建文本文件 file，在资源管理器窗口的"查看"标签下选择扩展名和隐藏项目的设置。

⑱　打开文件资源管理器窗口，取消隐藏项目设置，右键单击 file 文件复制粘贴到 D 盘下，右键单击 file 文件重命名为 file_new。

⑲　选中 D 盘中的文件 file_new，按组合键"Shift+Delete"，删除该文件不经过回收站。

⑳ 双击桌面文件夹，选中 file 文件，按"Delete"删除，然后双击打开桌面回收站，选中文件还原。

㉑ 右键单击桌面上的文件夹 test 设置为隐藏，并且应用于它的子文件夹和文件。

㉒ 截屏操作：开始→所有应用→Windows 附件→截图工具，利用该工具截屏，或者打开要截屏的窗口，按组合键"Alt+PrintScreen"截取活动的窗口，按"PrintScreen"键则截取全屏。

保存截取的图片：开始→所有应用→Windows 附件→画图，在画图工具中执行粘贴（"Ctrl+V"组合键）→保存，即可将截取的画面保存为图片文件，也可到 Word 等编辑软件中粘贴图片，从而进行图文排版。

㉓ 文件资源管理器→单击文件夹 C:\Windows→单击查看选项卡。

㉔ 文件资源管理器→单击文件夹 C:\Windows，尝试选中文件+"Shift(Ctrl)"，尝试连续选择和不连续选择。

㉕ 打开文件资源管理器，设置文件显示扩展名，搜索*.docx,选择其中一个文件，右键查看属性，查看相关文件夹的路径。

㉖ 右键单击"此电脑"→管理→存储→磁盘管理。

㉗ 右键单击开始菜单→设备管理器。

㉘ 双击桌面控制面板→程序和功能→卸载程序。

㉙ 右键开始菜单→设置→更新与安全→Windows 更新→高级设置。

㉚ 右键单击"此电脑"→属性→高级系统设置→高级→性能→设置→高级→虚拟内存→更改。

2.3 综合练习

① 在 Windows 10 中，应用程序之间的切换可以用哪些方法完成？

② 使用"开始"菜单，测试 Windows 10 中的一切操作都可以通过"开始"菜单完成。

③ 在 Windows 10 中，可以有哪些方法完成屏幕截图？

④ 对比低版本的 Windows 操作系统，Windows 10 的特色突出表现在哪些方面？

第3章 文字处理软件 Word 2016 的使用

　　文字处理软件一般指用于文字的编辑及格式化排版的软件，通常意义上指的是提供通用文字处理功能的软件，在编程、出版、设计领域里也有其他以较特定应用为目的并可以实现文字处理的软件，但其应用目的不侧重在综合文字处理，不属于本章讨论的范畴。文字处理软件的典型代表有微软公司 Office 办公套件的 Word、我国金山公司的 WPS（Word Processing System）。

　　最早的办公软件可追溯到 20 世纪 80 年代，随着微软大力推行图形操作，微软的 Office 办公软件逐渐图形化并迅速发展为一套非常庞大的软件集，涵盖了文档编辑、表格计算、幻灯片演示、笔记管理、数据库、表单设计、网页制作、出版物制作等多个领域。随着软件版本升级，Office 软件功能越来越丰富，越来越方便了人们的生活；而随着网络发展，未来的办公软件正逐渐由"桌面版"向"在线版"发展，通过日常的更新服务可实现软件的功能进化；同时，云端特性使得多人协作及多平台共享文档变得更加容易。

　　我国文字处理软件 WPS 也诞生于 20 世纪 80 年代，WPS1.0 是求伯君于 1988～1989 年孤军奋战完成的。1994 年前，互联网还未连接到中国，WPS 在中国市场占据了大量市场份额，求伯君也建立了珠海金山电脑公司（金山软件的前身），但随着互联网浪潮的来袭，WPS 迎来了海外进军中国市场的强劲对手——Microsoft Office。由于微软的 Microsoft Office Word 与 Windows 操作系统捆绑销售，而 Windows 系统占据着个人电脑桌面系统领域极大的市场份额，对 WPS 而言，难以跟上 Windows 系统的快速升级必然使其在竞争中落到了下风。对 WPS 发展更致命的是微软后续提出的文件格式互通的合作——双方软件可以互相打开对方格式的文档，但由于前期用户已经习惯了微软 Word 软件的操作风格，当 Microsoft Office Word（*.doc）和 WPS 文档（*.wps）之间没有瓶颈后，用户更倾向于选择微软产品而使 WPS 反而更加处于劣势地位。面对微软的强势竞争，时任金山软件总经理的雷军（后来的小米科技创始人）顺应用户习惯，重新编写了 WPS，正因为没有文件格式的界限，WPS 的使用率也得到大幅提升。如今 WPS 在中国市场已重新获得较大的市场份额，一方面由于国有企业和政府单位大范围使用金山 WPS 等国产办公软件，另一方面由于 WPS 选择最简单的免费策略，企业用户和专业用户需要支付一定的费用，但个人版的 WPS 将永久免费使用。在逐渐兴起的移动端办公中，金山 WPS 甚至推出无须安装客户端的小程序。打破赛道限制的 WPS 正在以人工智能和云为技术核心，以办公为场景，以多端多元化的产品为武器，向即将到来的智能化时代进攻。

　　WPS 与微软 Office Word 在功能上并没有太大差别，甚至在思维导图、H5 海报、各种几何图等方面非常完善，并整合了文档格式转换等工具于一体。但为了向前兼容早期用户的习惯，兼顾大多数普通用户操作风格，本章选择以微软 Office Word 2016 为例介绍文字处理软件的常用功能，通过学习文字、图形等多种对象从编辑到格式排版的主要操作，希望学习者在多多实践练习的基础上，举一反三，培养解决文字处理问题的能力。

3.1　操作指导

Office 办公软件套装版本不断升级，Word 软件的文档编辑和排版核心功能设计一直保持稳定，更新更多体现在与一些新技术的融合、更方便用户操作的细节设计等方面。界面风格上，自 2007 版从菜单式操作界面改为收藏命令按钮和图示面板的 Ribbon 功能区界面后，Ribbon 界面已经被越来越多的人接受。本节将从基本操作环境开始，针对文字、图形、表格、目录、页面等各种对象，从内容编辑到格式排版两方面，介绍 Word 的主要操作功能。

3.1.1　Word 操作环境介绍

大多应用软件有通用的界面风格，Word 的窗口界面从上向下依次是"标题栏""菜单栏""Ribbon 功能区"（常用功能按钮区）、"编辑区""状态栏"，操作环境如图 3.1 所示。

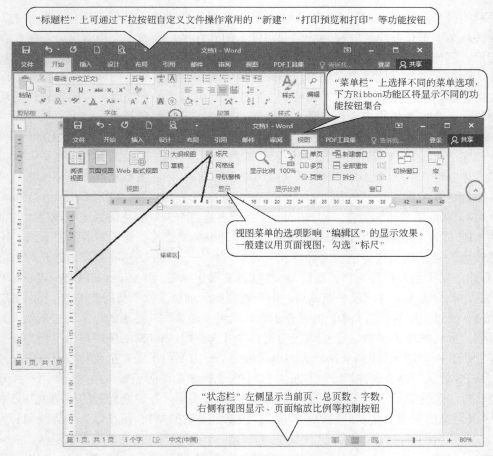

图 3.1　Word 操作环境窗口

（1）Ribbon 功能区

Ribbon 功能区自身右下方有可点击的小按钮 "　∧　"，该按钮可在 "自动隐藏" 和 "锁定位置" 间变化切换。若点击该按钮使 Ribbon 区自动隐藏了，单击菜单栏某项功能使功能区显示，此时该按钮显示为图钉状态 "　ᆍ　"，点击可使 Ribbon 区固定显示。

Ribbon 功能区分类放置了常用功能按钮，功能区里的分类区如果还有更具体的设置，右下角常有可点击的小按钮 "　⌐ˎ　"，如 "开始" 功能区中 "字体" "段落" 等区域，可以点击右下角按钮打开更详细的设置对话框。

（2）Word 操作环境的设置

Word 操作环境一般默认是所见即所得的 "页面视图" 模式，新手若进入 "大纲视图" 或 "Web 版式视图" 而找不到熟悉的操作界面，可通过 "视图|页面视图"（或用状态栏右下方的视图控制按钮）切换回来。一般还建议勾选 "视图" 里的 "标尺" 参数，以便在编辑排版对齐时更直观、方便。

Word 操作环境提供了灵活可变的参数设置，通过 "文件|选项" 打开的 "Word 选项" 窗口，用户可自定义相关参数，自由设定编辑区是否显示段落标记等特殊符号，设定自动保存的时间间隔，设定功能区及快捷键等，如图 3.2 所示。

图 3.2　Word 选项窗口

3.1.2　Word 文档管理

旧版本的微软 Word 文件扩展名是 ".doc"，Office 2007 版后用基于 Office Open XML 标准的压缩文件格式取代了以前的文件格式，文件名在传统文件扩展名后添加字母 "x"（如 ".doc" 换为 ".docx"，".xls" 换为 ".xlsx"，".ppt" 换为 ".pptx"）。注意版本升级始终是向下兼容的，即高版本软件能识别并打开低版本文件，但低版本软件不能打开高版本文件，或者需要补丁包以支持高版本格式的文件。Word 的 docx 文件本质上是一种压缩的 XML 文件，比旧版的 doc 文件所占用空间更小。

下面通过若干问题，带领学习者认识一下文档管理相关操作。

（1）文档数据在哪里

单击菜单"文件|新建"选择"空白文档"或点选一种模板，即可建立一个新文件，此时光标自动定位在编辑区，操作者利用键盘、鼠标输入内容即可。

① 文档数据最早在内存。在没有执行"文件|保存"操作前，新建的文件实际上还只是内存中的数据，一旦 Word 意外崩溃或断电数据会丢失。

② 保存操作使文档数据固定到外存。初次保存进入的实际上就是"另存为"界面，可以选择保存到网络或本地机器上，单击"浏览"按钮选择文档的保存位置。注意"保存类型"下拉列表的选择，如要将文件保存为低版本可使用的文件，可选择"Word 97-2003 文档"的类型。还可以看到 Word 还兼容许多其他格式的文件，可将文件存为"txt""pdf"等不同文件类型的文件，如图 3.3 所示。

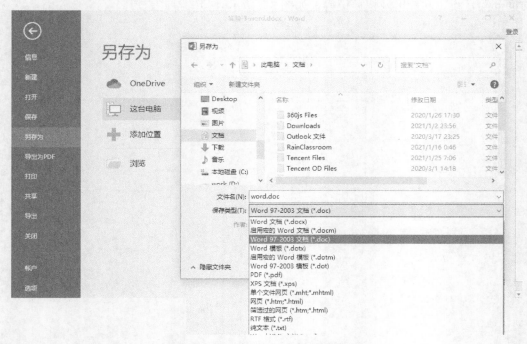

图 3.3　初次保存或另存为操作窗口

只有经过保存操作，文件数据才从内存存入外存硬盘中。当文件保存过一次后，再执行"保存"操作，Word 将不再询问文件名和位置等参数。

选择"另存为"会使文件"另起炉灶"，通过保存窗口，用户可以新文件名再存一份，同时转到新存文件中进行编辑，原文件将维持该次保存前的数据内容。

（2）忘记文档保存位置怎么办

打开已有文件很简单，通过菜单"文件|打开"选择"计算机"，单击"浏览"选择文件所在文件夹，找到已保存的文件选择打开即可使用文件（更快的打开办法是直接在文件所在

窗口拖动文件到 Word 程序窗口即可）。不幸的是，新手操作者经常不注意或忘记文档存在哪儿，无从找到并打开需要的文件。

如果忘记文档的保存位置，在文件还没关闭时，可以通过"文件|信息"查看文件的保存位置等参数。而如果忘记要打开的文档在哪，有两种找到文件的方法。

① 如果是最近使用过的文件，可打开 Word 程序，利用"文件|打开"窗口右侧的"最近使用文件"列表在最近访问中查找。但是，Word 的"选项|高级"里有"最近使用的文档"数量设置，超出该数量的历史文件就不被记住了。

② 利用操作系统的文件查找功能，以文件名及扩展名等作为关键字进行搜索。

（3）程序崩溃或文档被删除怎么办

图 3.2 的 Word 选项窗口中我们看到 Word 的"保存"选项中有设定自动保存的时间间隔，如果用户一直没有执行保存操作，Word 会在固定时间间隔内自动执行保存操作。

① 异常崩溃的文档数据能找回吗？

一旦程序异常崩溃或关闭，再次启动 Word 时会检查是否有自动保存的碎片文件，并提示用户如何处理这些文件，用户可选择利用碎片文件覆盖从硬盘打开的文件或者删掉碎片文件不予理睬。Word 的自动保存只能最大限度地减小损失，崩溃时间点与上次自动保存时间点之间编辑的数据是从内存丢失的，无法恢复。

② 被删除的文件能恢复吗？

如果文档被误删除，当然是去系统的回收站找回。但如果回收站也被清空了，也还有恢复的可能。实际上，数据在根本上是保存在硬盘的，被删除的文档往往只是删除了关于文件名等的信息记录，文档数据所在的硬盘盘块如果还没有被写入新数据，通过特殊工具还是有恢复数据的可能的，这也是为什么机密性数据的销毁工作实际上并不是简单地删除文件。

注意：数据如此重要，为了避免辛苦编辑的结果意外丢失，作为操作人员，一定要养成及时保存文件的习惯：在编辑过程中，记得常按保存快捷键"Ctrl+S"；对于重要的文档，要养成多复制一份的习惯。

3.1.3　内容的编辑

3.1.3.1　文字及特殊内容的输入

实现内容输入的方式有很多，包括键盘、输入法软键盘（利用输入法悬浮窗上的软键盘按钮或右键菜单打开）、语音识别、手写板及插入菜单的各种功能等。软键盘及语音输入如图 3.4 所示。

（1）注意区分"插入"和"改写"输入模式

内容输入时，如果输入的内容会删除光标后面的文字，说明当前是在"改写"模式下，可通过按"Insert"按键使编辑状态在"插入"和"改写"之间切换。

（2）特殊符号的输入

对于一些特殊符号，Word 也提供了丰富的符号集，可利用"插入|符号"插入，刚插入过的符号会被记录以方便下次再插入，如图 3.5 所示。但有时在那么多的字符集中找特殊字符会花费较多时间，为了使用方便，当编辑过程需要大量特殊符号时，有一种快速的方法，是把常用特殊符号保存一份文件，在需要的时候直接复制使用。

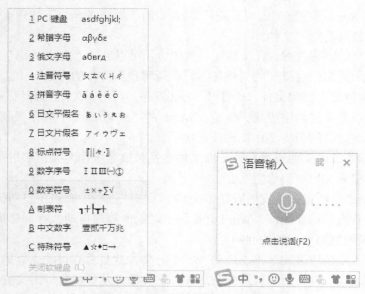

图 3.4　软键盘及语言输入示例

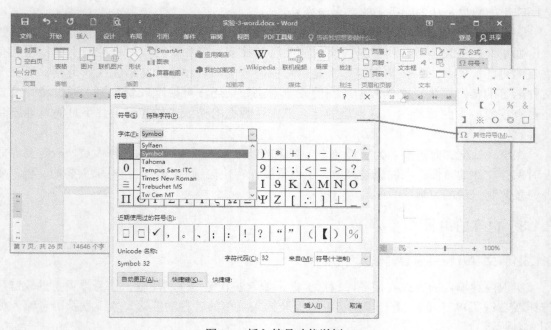

图 3.5　插入符号功能举例

（3）其他内容输入

如图 3.6 所示，除了普通文本，有繁体字、拼音标记以及有打钩复选框的内容怎么输入呢？这些内容实际上很多是基本文本输入后通过格式设置实现的。

① 繁体字输入：输入文本"请问你喜欢哪种诗歌体裁？"，利用菜单功能"审阅|简转繁"按钮" 繁简转繁 "实现繁体字格式。

請問你喜歡哪種詩歌體裁？
□ 唐诗
☑ 宋词
  yuè
□ 乐府

图 3.6　插入符号功能举例

② 拼音标记：选中已输入文本，利用"开始"功能区的字体区里的功能按钮"拼音"实现添加拼音（注意自动添加的有错误时，可手动在弹出窗口中自行编辑修正）。还要注意繁体转换和拼音不能同时操作。

③ 打钩的复选框：用图 3.5 所示方式，插入特殊符号"✓"，再利用"开始"功能区的字体区里的功能按钮" A "实现外框线格式☑；或者直接插入一个带框线的特殊符号☑。可以看到两种外框线效果不同。如果想实现可做勾选操作的复选框，还需要利用"开发工具"功能区功能。

除了文本内容，Word 里还能编辑图形、表格等复杂对象，对各种对象的详细格式排版，包括"开发工具"的使用，在后续节次中再展开详细介绍。

3.1.3.2　内容编辑修改——选择、复制、粘贴、查找、替换

（1）选择是编辑操作的前奏准备

做各种编辑操作前，都要让程序知道后续操作针对的对象是谁，所以灵活而高效的选择是提高编辑效率的重要因素。注意，在编辑和排版中，菜单中如果出现灰色不能用的操作项，往往是因为没有选择合适的操作对象，所以导致功能无法使用。

鼠标可以实现很多灵活的选择方法。

① 按住鼠标左键拖动矩形范围，框选文字。

② 按住鼠标左键拖动，搭配功能键可实现特殊范围选取，操作效果如图 3.7 所示。

　　a．按住"Ctrl"键后拖动鼠标，可实现多个不连续区域的选区。

　　b．按住"Alt"键后拖动鼠标左键可以实现一个矩形的选择区域。从图 3.7 上部分截图可以看到该选择方式可搭配实现特殊的复制粘贴效果，如果复制该区域内容，粘贴操作也是对应粘贴到矩形的区域。

　　c．按住"Shift"键后在某个位置按鼠标左键，即可选取之前光标位置和现在点击位置间的文字区域。

③ 选一个词：双击鼠标左键，Word 会自动选中光标所在位置的一个词。

④ 整行选取：在行的左侧光标呈箭头样时点左键，实现选中当前行。

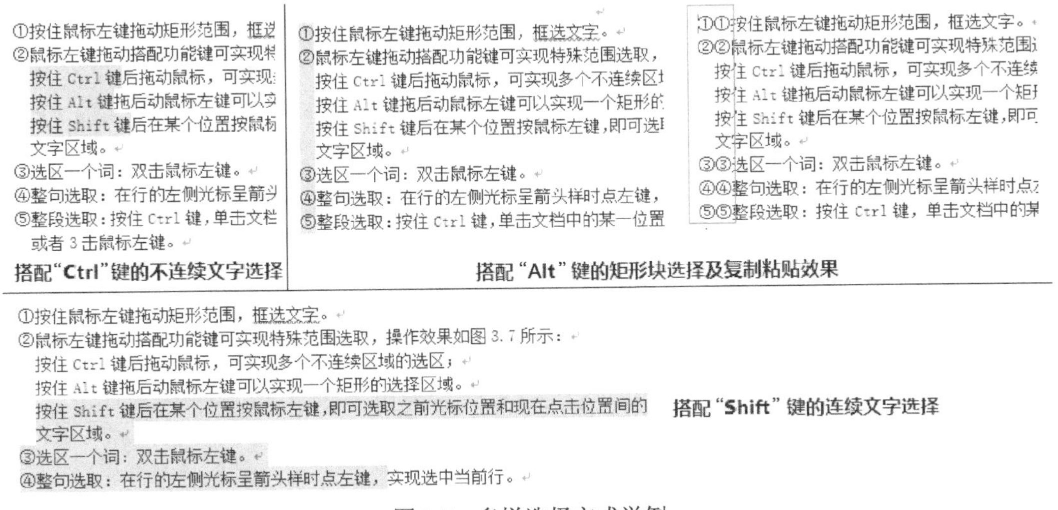

搭配"Ctrl"键的不连续文字选择　　搭配"Alt"键的矩形块选择及复制粘贴效果　　搭配"Shift"键的连续文字选择

图 3.7　多样选择方式举例

⑤ 整句选取：按住"Ctrl"键，单击文档中的某一位置。

⑥ 整段选取：在某段文字处三击鼠标左键。

编辑文档过程中，频繁切换键盘和鼠标会拖慢速度，如果只通过键盘操作就能实现快速选取，文档编辑效率将会大大提高。结合 Home、End、方向键、Ctrl、Alt、Shift 等功能键和快捷键，可以便捷地实现文字内容选取，操作举例如下：

① 选择一块连续的文字：先利用"Home"键快速将光标定位到某行起始点；按住"Shift"键后按向下键，再利用左右方向键调整到选择的结束点。

② 选取整行：用"Home"键快速将光标定位到某行起始点，按下"Shift"后按"End"键。

③ 选取全文或一半：

    a. 全选："Ctrl + A"组合键。

    b. 选取光标所在位置到全文末尾的整块内容："Ctrl + End"会自动定位到全文的末尾，所以先按"Shift"，再按"Ctrl"，再按"End"组合键。

    c. 同理，"Shift + Ctrl + Home"可选择文件内容的前半块。

（2）复制、剪切、粘贴和移动操作

对重复内容，利用"复制"和"粘贴"快捷键操作是最方便的。

① 选定要复制的对象；

② 按下"Ctrl + C"组合快捷键将内容复制到剪贴板；

③ 将光标定位到目标位置，按下"Ctrl + V"组合快捷键即可实现粘贴。

"粘贴"操作还有多种选项，通过开始菜单或右键快捷菜单，可选择"只保留文本"的粘贴，或是直接带格式粘贴；还可在"开始|剪贴板"下方按钮打开剪贴板面板，选择要粘贴的内容，Word 剪贴板存储多达 24 个已复制或已剪切的项目，可轻松粘贴到本文件或其他 Office 文件中。关于剪贴板的详细说明不再赘述，感兴趣的学习者可按"F1"键调出 Word 的帮助查询说明，如图 3.8 所示。

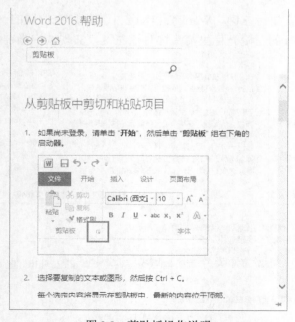

图 3.8　剪贴板操作说明

"剪切"和"粘贴"也是常配对操作的，主要是将选中的对象从原来的位置移动到目标位置。此操作利用鼠标拖动实现更高效，在选中文字后，光标在文字上呈箭头形状，按住鼠标左键拖动，使光标移动到目标位置后松开即可。

（3）查找和替换内容

查找和替换是文字处理常用的高效编辑操作。在"开始"功能区右侧的"编辑"区点击"替换"按钮，打开"查找和替换"窗口，点击左下角"更多"按钮展开整个窗口。注意查找/替换的不一定只是针对普通文本，还可以是特殊符号，甚至是格式替换，如图 3.9 所示。点"全部替换"可实现全文中的字母内容不变，但格式都变成四号红色格式。

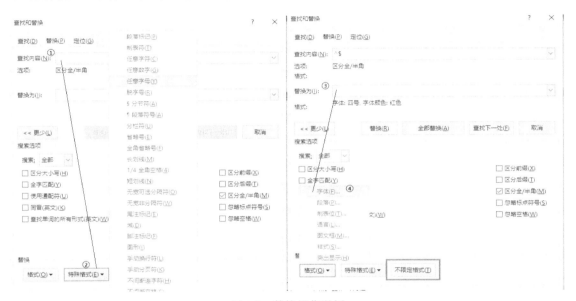

图 3.9　替换操作举例

注意如果用户要对"查找或替换为"的对象设置格式，必须先确保光标定位在其输入框中；若格式设置错或要清除设置的格式，也要将光标定位到相应栏里，单击右下角的"不限定格式"即可。查找替换时，还可设置"是否区分大/小写""使用通配符"等参数。

3.1.3.3　理解内容的逻辑层次划分——分页、分节

Word 文档看起来是一个个页面，一般输入内容占满一行后会自动换行，当一页占满后会自动换页。但从逻辑视角上看，文档内容可由小到大划分成字、行、段、栏、节、全文等不同部分。字、段、全文是随着编辑自然而成的 3 个基础部分，其他的常需编辑排版人工生成。

通过快捷键或菜单，可人为定义或修改内容的逻辑层次，如手工插入换行符（Shift + Enter）、分页符（Ctrl + Enter）、分栏符（Ctrl + Shift + Enter）和分节符（布局|分隔符）等。注意，这些插入的特殊逻辑符号，打印时并不输出，有的一般在页面视图下看不到，但在"视图|文档视图|大纲视图"下可看到。

如图 3.10 所示，若要删除特殊符号，可将光标定位到分节符虚线位置，按"Delete"键可以删除掉这种符号。还可利用前面介绍的"开始|编辑|替换"功能，选择"特殊格式"替换中的"手动分页符""分节符"，将其替换为空。

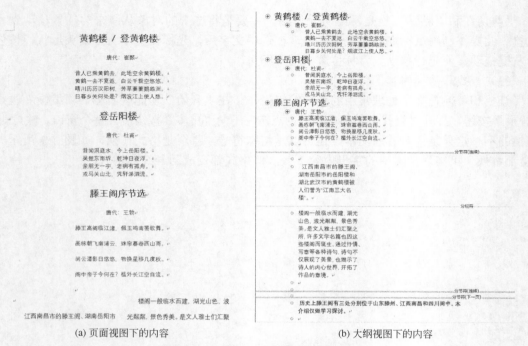

(a) 页面视图下的内容　　　　　　　　　　(b) 大纲视图下的内容

图 3.10　文件内容的逻辑层次举例

（1）区分换行与分段

输入"Enter"回车，既实现了形式上换行，又实现了逻辑上分段，在页面视图可看到句尾是"段落符号"标记；输入"Shift + Enter"组合快捷键，则只实现形式上换行，逻辑上内容仍和上一行保持在一段，在页面视图可看到句尾是"手工换行符"标记。如图 3.10（a）所示，最后一首诗在 Word 排版逻辑上，每句话都是一个段，在设置了不同的行间距和段间距下，可以明显看到多行内容所属的段不同。

（2）区别物理分页与逻辑分节

在"布局"功能区的"页面设置|分隔符"下拉按钮里，可以看到有分页符和分节符，如图 3.11 所示。

① 分页符　Word 内容填满一页后会自动分页，与之相对的是在需要的地方手工分页，插入分页符可使文档从插入位置强制分页（组合快捷键为"Ctrl+Enter"），实现物理上的页面划分。

② 分节符　无论插入多少"分页符"，文章逻辑上都是一个整体，而一旦插入"分节符"，文章在逻辑上就分为了若干部分——节。"分节符|下一页"与插入分页符相比，除了实现了分页的物理效果，还多了逻辑上的划分，分节符前的文字属于一节，分节符后的文字属于下一节。

节可看作比段落大、比全文小的一个逻辑单位。分节的好处是，为后续做格式排版划定了不同逻辑范围，框线、背景色、页眉页脚等的设置，都可以针对不同的节设置不同的参数效果。观察书籍的排版，我们常能看到一本书分多章，每章都有不同的页眉，这种格式设置的实现实际上就是把全文划分了多节，每章单独在一节，并为每节设置不同的格式。

③ 分栏符　在文档没有分栏格式的情况下，插入"分栏符"功能相当于"分页符"功能，实现的还是在全文中进行物理分页。

图 3.11　各种分隔符

在文档有分栏的情况下，插入"分栏符"会强制文字从下一栏位置开始，可以理解为在分栏内容里"换页"。选中要进行分栏的段落，在"页面布局"功能区的"页面设置"组中单击"分栏"命令进行设置（取消分栏时再选中文字设置为"一栏"即可）；然后可以将光标定位到需要的位置（图 3.12 的例子中为"楼阁"所在段落前的位置）插入分栏符调整分栏效果，如图 3.12 所示。

图 3.12　分栏设置中用分栏符调整分栏

需要注意是，"布局|分栏"操作会添加两个"分节符（连续）"（这使页面内容逻辑上分节，但物理上只是分栏而没有分页）。如图 3.13 所示，由于设置分栏影响了后续分节的数量，导致页面页眉中展示的小节数的增长并不是顺序的，可借助图中的说明理解节的划分。

实际上和"分栏"设置类似，"布局|分隔符|分节符|连续"实现的是不分页但是分节的效果。相比而言，"分节符|下一页"同时分页和分节的功能更常用。

图 3.13　分栏对分节的影响示意图

3.1.3.4　内容的视图展示

根据不同的浏览需要，用户可通过视图菜单或窗口下方状态栏右侧的视图选择按钮，在页面视图、阅读视图、Web 版式视图、大纲视图和草稿之间进行切换，如图 3.14 所示，各视图说明如下。

（1）页面视图

所见即所得是编辑的默认方式，也是最直观的浏览方式，以页面的形式显示编辑的文档。包括页眉、页脚、图形对象、分栏设置、页面边距等都可以完整地被显示出来。

（2）大纲视图

能较好地展示出段落内容等的级别层次。每段前都有一个小正方形表示段落是正文级别，加号表示段落是有级别的目录标题。大纲视图下能有效地进行文档编辑：单击任意段落前的标记可选中该段及其所有从属段。大纲视图方式下可方便地调整段落的大纲级别和顺序。上下拖动段落的标记可以改变段落及其下属段落的位置，左右拖动段落的标记可以改变段落及其下属段落的大纲级别。

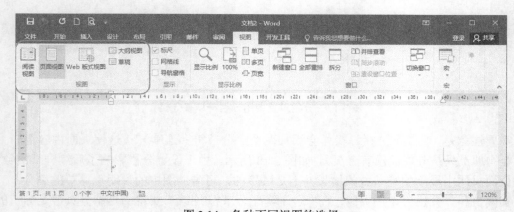

图 3.14　各种不同视图的选择

（3）阅读视图

符合生活中双面阅读书籍的习惯，显示的文字只供阅读，并不是实际编辑、打印的效果。

（4）Web 版式视图

以网页的形式显示 Word 文档，适用于发送电子邮件和创建网页。

（5）草稿

不显示页边距、分栏、页眉页脚和图片等元素，仅显示标题和正文，最节省系统资源。

3.1.4　格式排版

3.1.4.1　字的格式设置

字处理软件给文字提供了丰富的格式设置，包括字体、字形、字号、字符间距、字符位置等。选择要操作的文字，通过"开始|字体"功能区右下角按钮，或通过右键快捷菜单的"字体"操作，都能打开"字体"对话框进行设置，如图 3.15 所示。

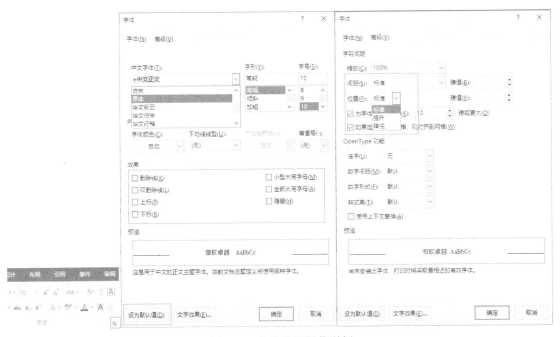

图 3.15　字体设置操作举例

（1）字体库说明

字符能够设置的字体是系统已安装的字体，由于不同用户使用的 Windows 系统的字体库不同，因此不同用户的 Word 程序的字体下拉列表中的可选字体是可能有差异的。某一用户编辑的文档，在另一用户的 Word 程序打开时，可能由于对应字体缺失，出现两边打开文档格式不同的问题。一般操作系统都提供了最通用的宋体、楷体等中文字体和 Time New Roman 等英文字体。而对本机没有的字体，可通过 Windows "控制面板|字体"程序安装，或者直接下载各种字体文件，安装到系统规定的目录位置。Office 2016 简体中文版全面使用等线字体作为默认字体，这种字体类似黑体，但抛弃了字脚，只剩字母骨骼，显得朴素端正，十分清晰，也叫作无字脚体。

（2）字的大小

字的大小一般是指字符在一行中垂直方向上所占的距离［单位为磅（lb），1lb=1/72in≈0.3527mm］。Windows 字库使用 TrueType 轮廓技术，除了一些常用默认字号（如图 3.16 所示），用户也可在字号框内直接输入磅数值设置字号。在默认（标准）状态下，字体为宋体，字号为五号字。用户可在字体窗口点击"设为默认值"按钮将自定义的字体设置为默认状态（默认字体就是利用清除格式按钮恢复后的结果格式）。

（3）字符间距与字符位置

字符位置包括水平和垂直两个方向上的位置。如上标、下标格式除了用功能按钮" x_2 x^2 "实现，通过"字体|高级"选项卡设置字符垂直方向上提升或降低位置本质是一样的。

（4）特殊的字符位置及格式

有的字体格式不是基本格式设置可以实现的，如艺术字、首字下沉、首字悬挂等效果，这些需要通过 "插入|文本"组中的功能实现，如"首字下沉"下拉菜单中选择"首字下沉选项"。在"字体"下拉列表中选择"隶书"字体，在"下沉行数"文本框中输入首字下沉行数，单击"确定"按钮即可，如图 3.17 所示。如要取消下沉，可选择"无"；如要实现悬挂效果，可单击"悬挂"。

字号	磅数	宋体
初号	42	宋体
小初	36	宋体
一号	26	宋体
小一	24	宋体
二号	22	宋体
小二	18	宋体
三号	16	宋体
小三	15	宋体
四号	14	宋体
小四	12	宋体
五号	10.5	宋体
小五	9	宋体
六号	7.5	宋体
小六	6.5	宋体
七号	5.5	宋体
八号	5	宋体

图 3.16　字号与磅数对照示意图

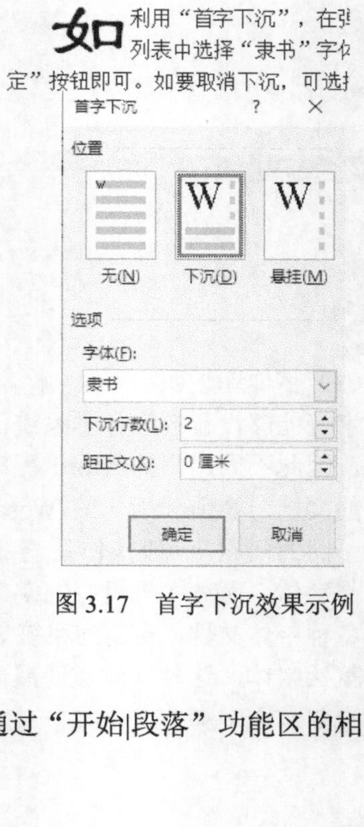

图 3.17　首字下沉效果示例

3.1.4.2　段落排版

段落设置主要包括文字对齐、缩进、段间距设置等，通过"开始|段落"功能区的相应按

钮，或通过右键快捷菜单的"段落"操作，都能打开"段落"对话框进行设置，如图 3.18 所示。其中对齐、缩进、间距是排版时最常调整的。

图 3.18 段落设置举例

段落中的多行间对齐时，新手排版常犯错误是用空格实现对齐（两次空格除外，这种 Word 会自动识别为首行缩进 2 个字符），这种方式之所以是错的，是因为一旦字号变化，空格大小也会变化，整体格式就会乱。正确的对齐和缩进方法是利用段落的格式设置实现。

（1）对齐方式

段落功能区或设置对话窗下拉列表中列举了 5 种对齐方式：左对齐、居中、右对齐、两端对齐和分散对齐。后两种通过调整词与词间的距离使正文排列整齐。其中两端对齐" ≡ "更适用英文文本，防止出现一个单词跨两行的情况。

（2）缩进

一般段落文字对齐的参照是页边距规定的左、右两边线的位置。通过段落缩进的设置还可以使文字距离边线再留出间距。缩进设置可以通过段落窗口进行数值调整，也可通过拖动标尺上的滑块快速实现。注意除非需要特殊效果，一般缩进值不设置为负数。4 种缩进说明如下：

① 首行缩进：控制段落中第一行第一个字的起始位。

② 悬挂缩进：控制段落中首行以外的其他行向内缩进字符数。

③ 左侧缩进：控制段落内容左边对齐到达的位置（包括首行和悬挂缩进）。

④ 右侧缩进：控制段落内容右边对齐到达的位置。

标尺是方便观察缩进和对齐的地方，下面通过图 3.19 示例中不同例子的比较理解各种缩进。

图 3.19（a）中的图片在文本框中，光标定位到文本框，可以看到标尺立即变成了针对文本框内的度量，而由于标尺上"首行缩进"设置到了文本框外，导致内部嵌套的图片部分没有显示出来。

图 3.19（b）、（c）对比显示了两个设置不同缩进的文字段落的排版效果。图 3.19（c）中还在标尺上设置了"制表符"。标尺左上角可以单击设置制表符，在标尺需要的位置上点击添加制表符（按住向外拖动制表符可删除），在编辑段落文字时按"Tab"键就会根据制表符位置快速对齐后面的文本。

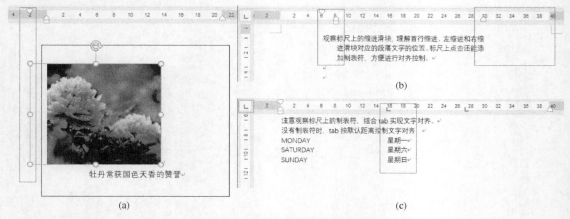

图 3.19　段落缩进和对齐设置举例

（3）间距

新手操作还要注意不要用添加空行来调整段间距。段落对话窗提供了统一方便的行距及段间距的设置。其中行距控制段内行间的间距，勾选"对齐到网格"设置，文字分布更稀疏均匀。

行距设置区分理解的难点是"最小值"和"固定值"的设置："最小值"的行距数值有时候并不起效，因为当设置值小于字体大小时，Word 默认根据字号调整行高以容纳文字；"固定值"设置一定会起效，若固定值设置值小于字号高度，Word 会硬生生根据固定行距将文字截断显示，如图 3.20 所示。

本行设置字号为四号，行距设置最小值 12，显示完整

本行设置字号为四号，行距设置固定值 12，截断显示

图 3.20　行距最小值和固定值设置比较

（4）大纲级别

一般段落内容默认都是正文级别的，如果设置为标题级别，页面视图里格式上看不到变化，但逻辑上是有不同意义的。大纲视图中可以看到有不同的标记，而且利用工具栏可以控制各级别标题下内容的展开或折叠显示，如图 3.21 所示。自动生成目录功能的实现也是需要有级别的段落文字才能配合实现。

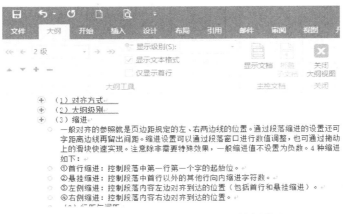

图 3.21　大纲级别文字在大纲视图下的折叠显示

（5）项目符号和编号

"开始|段落"的项目符号或编号下拉按钮"〔图标〕"可实现多个段落内容的有条理、有层次的内容列举。项目符号的字符还可自定义，如图 3.22 所示。快捷键"Tab"键和"Shift + Tab"组合键可分别实现条目的向内缩进和向外回升。

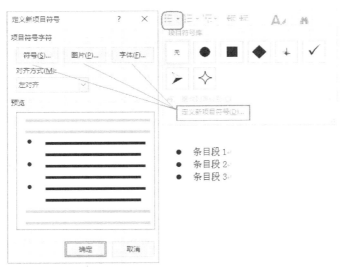

图 3.22　项目符号的使用和设置

3.1.4.3　快速套用格式

（1）"格式刷"

Word 中格式同文字一样是可以被复制的，重复设置相同格式时，一个高效的办法是用"开

始|剪贴板"中的格式刷" 格式刷 "工具复制并应用格式。

① 选中某文字或光标移动到目标对象上。

② 单击或双击"格式刷"按钮，此时原位置的格式被复制。

③ 鼠标呈刷子形状，按住鼠标左键去"刷"目标，被刷过的文字格式将变得和预选格式一样。若单击格式刷后刷格式，只能完成一次格式复制就会自动返回编辑状态；若双击"格式刷"，则可连续多次地刷，想要结束操作，可到格式刷按钮上再单击一下，或者直接开始编辑内容，或者按"Esc"键。

复制格式的组合快捷键为：Ctrl + Shift + C；应用格式的组合快捷键为：Ctrl + Shift + V。刷取段落格式时，注意要把段落标记包含进来。

（2）快速清除格式

"开始|字体|清除所有格式"按钮 🧹 可快速清除格式，使文本及段落恢复回默认格式。

（3）样式

文档中常有文字要设置成相同格式，问题是如果内容量多还要多次修改，操作会很烦琐。样式的重要作用就在于提高文档的修改效率。样式可看作一组格式设置的组合，模板设定好，在需要的时候直接套用即可。

① 使用预设样式　"开始|样式"功能区提供了很多快速样式，单击该区右下角按钮可打开"样式"窗口，如图 3.23 所示。在该窗口中以列表的形式浏览可用样式，选中要设定格式的文字后，选择某个样式即可应用预设的一套格式。

② 查看与更改样式　批量应用了样式的内容可以方便地实现批量修改格式。单击样式窗口的样式检查器按钮" 🦿 "打开样式检查器，该检查器会自动显示光标所在处的文字应用的格式，如图 3.23 所示。可选择"清除 n 个实例的格式"，带有此样式的文字都会自动应用"正文"样式；单击"选择所有 n 个实例"可一次性选中所有应用了该样式的文字，然后选"修改"。

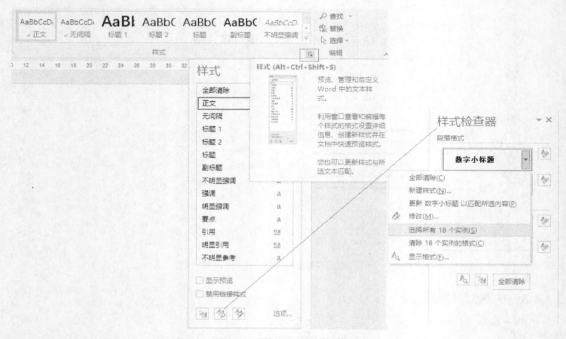

图 3.23　样式与样式检查器

3.1.4.4 注意格式应用的范围

上节对内容的逻辑层次已经有了认识，那么排版的时候我们要注意有很多格式设置参数都有设置应用范围的不同，以边框和底纹设置为例，如图 3.24 所示是设置边框应用于文字，底纹应用于段落的效果。该例子设置的是方框，实际如图 3.24 中右侧预览区的四个框线按钮都是可以点击的，可试着分别点击，观察预览效果，这样就能实现变化的框线效果，如只保留底线。

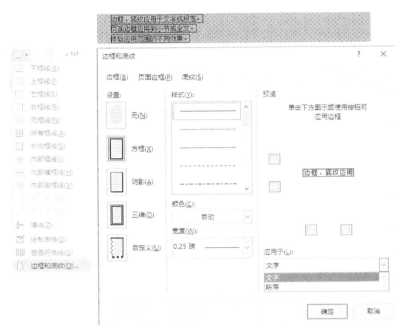

图 3.24　边框线设置举例

3.1.5　图形对象的编辑排版

文字处理软件发展到今天，不仅处理文本内容，还提供对多种对象的处理功能。如图 3.25 所示，"插入"功能区包括了"表格""插图""文本""符号"等各种对象的常用功能按钮。Word 提供了"屏幕截图"功能，方便截取系统屏幕的图像，而编辑对象还可从第三方复制后直接粘贴到编辑区。

图 3.25　"插入"选项卡功能区

对象编辑过程中随着用户选定图片、表格、形状等不同对象，功能区会动态显示不同的工具选项卡，如图 3.26 所示。

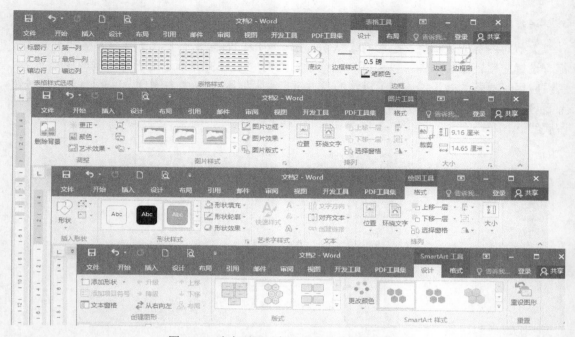

图 3.26 选中不同对象动态显示的各种工具栏

3.1.5.1 图文混排

无论插入的对象是图片还是表格、图形、艺术字等，先要解决如何与正文文本混合排版的问题。这些对象的动态工具栏或右键菜单中都有一个"环绕文字"工具，理解环绕文字的设置，先要区分嵌入图和浮动图，其排版效果对比参见图 3.27。

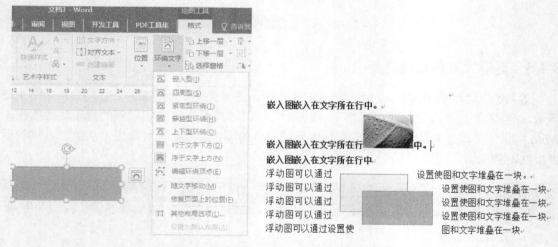

图 3.27 环绕文字设置及图文排版效果比较

（1）嵌入图

嵌入图指嵌在文字中间，可将其看作一个字符。由此，我们理解嵌入图类似字符的特点，即：图片大小会影响所在行行距；可被文本框等包含嵌套；可与文字一同被选中。分析可知图 3.27 中的图片就是嵌入格式的。

（2）浮动图

选中对象，利用"环绕文字"工具设置除了"嵌入式"之外的其他环绕方式的都可看作是一类图——浮动图。浮动图独立于文字，可设置与文字的不同环绕方式，其特点为：可跨多行；不能被嵌套；能通过设置环绕方式实现文字环绕、图形重叠效果。分析可知图 3.27 中的两个方块图形是浮动图。

（3）文本框嵌套图片

选择部分文字和一个嵌入图，在"插入|文本|文本框"下拉列表选择"绘制文本框"，可使部分文本内容和图片作为整体不散乱，文本框嵌套排版示例如图 3.28 所示。文本框也可看作一种图形对象，选中文本框，在"绘图工具"里可设置"环绕文字"，点击"绘图工具|形状样式"右下角按钮打开可设置文本框的更多格式属性，如文本框内的边距。

图 3.28　文本框嵌套图片排版示例

3.1.5.2　图片的编辑

选中或双击要编辑的图片，使图片工具显示出来。下面主要介绍 3 个常用功能，功能按钮参见图 3.29。

图 3.29　图片工具

（1）调整大小与裁剪图片

"图片工具"中的"裁剪"和"大小"设置是最常用的图片格式设置。

调整图片大小，最快的方法是直接拖动图片四周的控制点调整，选中图片时还有旋转锚点，可实现拖动旋转。要注意光标状态不同则表示的功能不同，光标为 ✛ 表示移动图片。精确设置大小则可利用"大小"区的高和宽设置，或者点击该区右下角按钮，打开详细参数设置对话框窗口设置。

"裁剪"图片：利用图片工具可实现多种裁剪效果。如图 3.30 所示，选中图片后执行裁剪操作" ✛ 裁剪(C) "，鼠标拖动图片四周的裁剪控制点到要裁剪的大小，按回车则应用操作，按"Esc"键则退出和撤销修改；或执行"裁剪为形状"选择圆形得到特殊形状效果。

图 3.30　图片裁剪操作示例

图片被裁剪掉的部分并没有删除，只是不显示了，但如果对图片执行了"图片工具|调整"区中的压缩图片按钮 ⛶，图片将真正地被裁剪，被裁剪的部分不能通过重设恢复。

重置图片：图片调整后如果想恢复回原始图片效果，可执行"图片工具|调整"区中的"重设图片"按钮" ⛶ ·"。

（2）图片样式

利用"图片工具"可以自己设置图片的边框线及阴影等效果，还可套用现成的样式。利用"图片样式"区的"快速样式"，结合自定义的"图片边框"，结合"裁剪|裁剪为形状"操作实现一个图片效果，如图 3.31 所示。

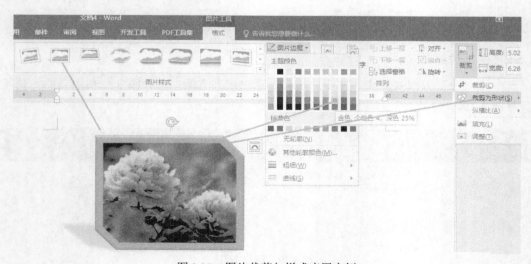

图 3.31　图片裁剪与样式应用实例

（3）调整图像效果

虽然 Word 不是专门的图像处理工具，但"图片工具"的"调整"区提供了相关按钮，可调整图片的亮度、颜色等，实现简单的图片黑白、水印、艺术风格等效果。

3.1.5.3　形状对象的编辑

执行"插入|插图|形状"，可以看到 Word 提供的丰富的形状库的内容，如图 3.32 所示。双击已插入的形状会动态显示出"绘图工具"选项卡。

图 3.32　形状库

（1）使用画布

当要插入多个形状时，为了防止散乱，可先选择"插入|形状"列表最下方的"新建绘图画布"，选中画布的状态下，继续插入形状，实现在画布中绘制。设置画布的文字环绕方式，可以将其整体设置为浮动图，设置其在文档中的位置。

（2）组合多个形状

为了防止画好的形状图形被拖动乱，可拖动鼠标选中多个形状图形后，右键单击被选择的形状图形，选择快捷菜单中的"组合"。

选择多个形状：选择画布，"Ctrl ＋ A"组合键选中所有形状；或按住"Ctrl"或"Shift"

键后依次单击鼠标选取多个对象。

（3）设置形状格式

选中形状，动态显示的"绘图工具"里提供了填充色、形状轮廓、形状效果、环绕方式等常用设置功能按钮，而且利用"绘图工具|编辑形状" 可编辑修改默认形状，如图 3.33 所示。

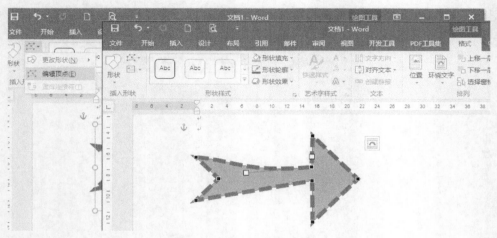

图 3.33　修改插入的默认形状

（4）排列形状

绘制多个同样大小的形状，快速的方法是绘制一个后，按住"Ctrl"键拖动即可实现快速复制。

要想整齐排列多个形状，可在选择多个形状后，利用"绘图工具|排列"的" 对齐 "下拉列表提供的功能按钮，实现各种对齐设置，注意应用此功能时多个图形最好不要嵌套在画布中。

3.1.5.4　SmartArt 图形的编辑

SmartArt 图形以更具设计感的布局将图片和文字信息结合起来，使得图形视觉效果更丰富。Word 在"插入|插图"区的"SmartArt"中提供了丰富的 SmartArt 图形，如图 3.34 所示。

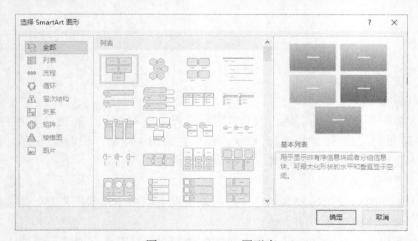

图 3.34　SmartArt 图形库

（1）创建 SmartArt 图形

SmartArt 图形里设计了很多占位符。单击图片占位符，可在弹出的对话框中选择要插入的图片；单击文本占位符可输入文本，也可单击 SmartArt 图形框左侧的小按钮，在展开界面中设置文字；还可通过右键菜单或选中文本后，在动态显示的菜单里，进一步设置图形内图片和文字的格式，效果如图 3.35 所示。

图 3.35　SmartArt 编辑效果

（2）编辑 SmartArt 图形

选择 SmartArt 图形使 SmartArt 工具显示，如图 3.36 所示。

"设计"工具栏各功能按钮可对已插入的 SmartArt 预设图形进行增添、修改等操作。如通过"添加形状"和"从右向左"修改预设的 SmartArt 形状；通过"重设图形"可将修改恢复回预设形状。而"格式"工具栏各功能按钮可实现设置轮廓线的形状、颜色，以及填充的颜色、效果等一系列格式。

图 3.36　SmartArt 工具

3.1.5.5　艺术字的编辑

"插入|文本"功能区的"艺术字"按钮可插入艺术字。艺术字可看作一个通过可编辑文本框插入的图形对象。"艺术字"下拉列表中提供了多种预设格式，不仅可以实现单字符的设

置，还可选中插入的艺术字，利用"绘图工具|艺术字样式|文字效果"下拉按钮" 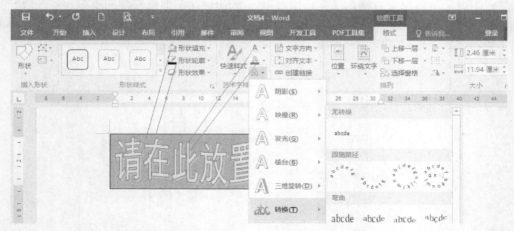 "列表的"转换"功能进行整体变形，效果如图 3.37 所示。

图 3.37　艺术字示例

3.1.5.6　数学公式

通过"插入|符号|公式"按钮选择"插入新公式"，Word 提供了丰富的公式符号，方便了常用数学公式的创建，如图 3.38 所示。

图 3.38　公式工具

3.1.6　表格的使用

Word 的表格功能主要着眼在格式排版和数据简单处理上，虽然与 Office 软件包中专门的表格处理软件 Excel 无法相提并论，但在不侧重数据计算等处理的文档处理场合足够满足需求。当光标定位在一个表格内时，"表格工具"才会动态显示出来，如图 3.39 所示。

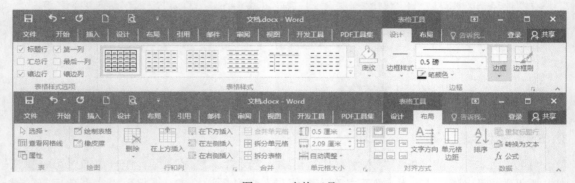

图 3.39　表格工具

3.1.6.1　表格建立与编辑

"插入|表格"的"表格"下拉列表给出了多种新建表格的方式，如图 3.40 所示。

表格行列交叉形成的格子称为单元格，是表格处理最基本的单位。编辑或排版操作前要先明确操作范围，针对表格的选择操作如下。

（1）选择单元格

当鼠标在单元格左侧变为一个小黑色斜箭头时，单击鼠标可选中该单元格；按住"Ctrl"重复操作，可选择多个不连续的单元格。

（2）选择行或列

鼠标在表格一行左侧变成白色箭头时，单击鼠标可选中该行；在一列上方变成一个向下指向的小黑箭头时，单击鼠标可选中该列。按住继续拖动，搭配"Ctrl""Shift"键可选中多行或多列。

图 3.40　表格的插入

（3）选择整个表格

鼠标移动到表格左上角出现"⊞"标志时，单击可选中表格，然后可拖动移动，或执行右键菜单的复制、剪切整个表格等操作。

表格里的文字编辑和正文文字编辑类似，需要注意的点主要是文字的对齐是局限于表格单元格内的，"表格工具|布局|对齐方式"功能区里可设置文字水平和垂直方向的对齐位置、与单元格的边距、文字方向等。

3.1.6.2　表格的设计和布局

"表格工具|设计"功能区可设计表格的样式、边框等整体风格；"表格工具|布局"可实现单元格或行列的删除、插入、拆分、合并、文字对齐方向、公式等更丰富的操作。

（1）修改表格单元格或行列的数量

注意选中多个单元格或行列，按"Delete"键是删除表格里的文字，而不是删除表格。

当鼠标在表格行或列附近时，会呈现不同状态，如当光标在表格线上时会变成"<-||->"形状，按住表格线会出现一条虚线以标识边线的位置，拖动即可改变表格行列的距离，双击则自动根据单元格内文字内容调整表格行列的距离。鼠标在表格旁操作时还会有悬浮的功能按钮区，结合表格工具可快速实现一些常用操作。表格设计修改示例如图 3.41 所示。

"表格工具|布局"里通过"行和列"功能区也可添加或删除行列，或删除整个表格；通过"合并"功能区可修改单元格的数量，选中多个单元格可执行合并，选中一个单元格可执行拆分。选中要修改的单元格、表格的行或列，在"单元格大小"区可设置高和宽的参数。

（2）快速套用设计样式和布局

执行"表格工具|布局|表"功能区的"属性"可打开"表格属性"对话框，在对话框中可设置表格在页面中的整体对齐方式、边框和底纹、文字垂直对齐方式等各种详细参数。但从执行效率角度上讲，在此处操作相对比较慢，我们常利用自动调整提高排版速度。

如当表格数量较多时，为了排列整齐，通过"表格工具|布局|自动调整"的"根据窗口自动调整表格"功能可快速调整表格宽度。还可在表格的多行或多列被选中后，通过"表格工具|布局|自动调整"区中的"分布行""分布列"按钮自动均匀调整间距。如图 3-42 所示。

图 3.41　表格结构修改

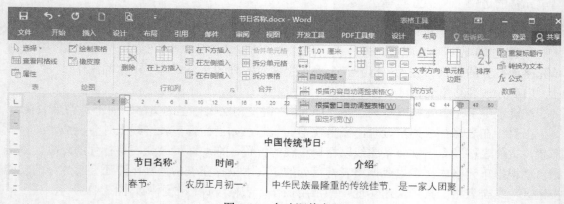

图 3.42　自动调整布局

　　当一个表格内容较少时，为了显示内容的完整性，有时排版要求不允许跨页断行；但当内容较多时常需要通过"表格工具|布局|属性"在"表格属性"窗设置"允许跨页断行"及"在各页顶端以标题行形式重复出现"。注意设置顶端标题行时，光标要定位到表格标题行，搭配点击"表格工具|布局|数据|重复标题行"按钮可以设置多行为标题行，效果如图3.43所示。

　　通过"表格工具|设计|表格样式"可快速套用已有的表格设计风格，如图 3.44 所示。需要注意套用后表格原来设置的格式就丢了，所以一般建议先执行样式套用，再自定义一些布局排版、边框、底纹等的设置和修改。

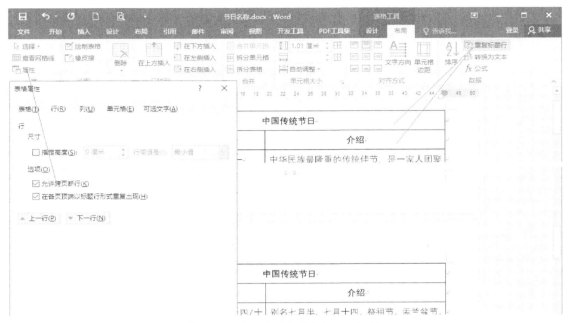

图 3.43　表格跨页与重复标题行设置

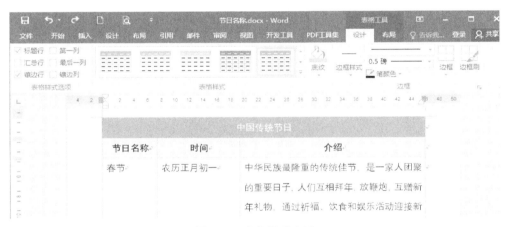

图 3.44　表格样式套用

（3）设置表格边框线

除了套用已有设计，"表格工具|设计"中的"底纹"和"边框"可用于设置详细的线型和粗细，实现自定义的表格风格。选中要设置边框线的单元格或行、列，执行功能按钮即可；如果有个别线条需要单独设置，用"边框刷"手绘更高效。

在需要设置斜线表头的特殊情况时，有 3 种方法，可分别通过"边框刷""斜下框线"或"边框和底纹"窗口预览区的"斜向边框线"实现。如图 3.45 所示。

3.1.6.3　表格的实用功能

（1）排序

排序对象可选整个表格或选择若干行，但不能有合并单元格，执行"表格工具|布局|数据"功能区里的"排序"，可打开"排序"对话框，如图 3.46 所示，注意如果不勾选排序窗里的

"有标题行"参数，排序的关键字只能是列号，会不直观方便。按"数量"为第一关键字升序排序，数量相同时按"价格"作第二关键字升序排序，结果如图 3.47 所示。

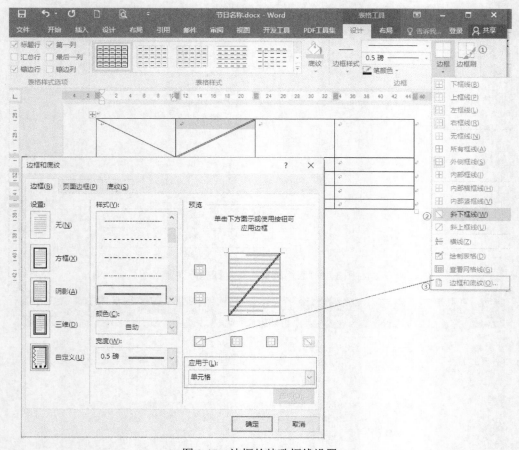

图 3.45　边框的特殊框线设置

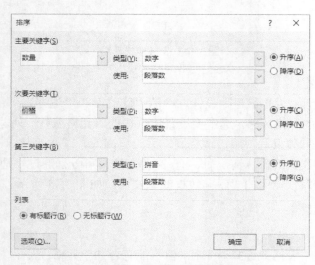

图 3.46　表格排序对话框

编号	名称	数量	价格
102304	果盘	1	25
102030	木托盘	1	40
100203	保温杯	1	68
100201	马克杯	2	20
100235	餐垫	2	30
130201	玻璃碗	4	15

图 3.47　表格排序结果示意

（2）计算

Word 表格也能实现公式计算。光标定位到"果盘"行计算结果的"总价"列的单元格，执行"表格工具|布局|数据"功能区里的"公式"按钮 fx 公式,插入公式为"=C2*D2"（表格的行按数字编号，列按字母编号，如"果盘"所在单元格为 B2），当单元格显示公式计算结果时，按"Shift+F9"可切换到显示域代码，如图 3.48 所示。

编号	名称	数量	价格	总价
102304	果盘	1	25	{ =C2*D2 }
102030	木托盘	1	40	{ =C3*D3 }
100203	保温杯	1	68	{ =C4*D4 }
100201	马克杯	2	20	{ =C5*D5 }
100235	餐垫	2	30	{ =C6*D6 }
130201	玻璃碗	4	15	60

图 3.48　表格公式计算示意图

注意 Word 的计算自动性不如 Excel，复制公式到其他单元格并不会自动变化，需按"Shift+F9"切换到"代码域"，手工修改公式，再按"F9"键"更新域"，从而更新计算结果。

Word 的表格功能计算有许多局限性，复杂数据处理还是推荐使用 Excel 电子表格进行处理。

3.1.7　Word 的自动化功能

3.1.7.1　自动目录

"引用|目录|自动目录"操作能自动根据文档内容生成目录，大大提高文档编辑效率，但要注意能够自动生成目录有个前提操作要求：正文中用于生成目录的标题文字要设置大纲级别。如果文档内容都是"正文文本"级的，直接执行"引用|目录|自动目录"会出错。

光标定位到文字或段落上，打开段落对话窗（图 3.49）能够设置或查看段落的大纲级别。

自动生成目录的过程如下。

（1）标题文字段落设置"大纲级别"

① 利用样式设置级别　"开始|样式"里提供的快速样式中有很多样式，它们有字体、字号、行距的不同，但能用于生成目录的只有标题样式，关键就在于它们有"大纲级别"设置。用户可通过应用预定义标题样式，快速设置自己的标题段落的级别，或者在设置默认标

题格式基础上继续修改格式细节。

② 利用段落设置级别　光标定位到做标题的文字段落，利用"段落"对话设置窗，设置"大纲级别"的某级。

③ 批量设置标题　设置好一个标题后，利用"格式刷"将已设置好的标题快速刷到其他标题上。

（2）选定生成目录的位置生成自动目录

执行"引用|目录|自动目录"，Word 会自动提取设置了大纲级别的文字，按照其级别层次、格式设置等在光标所在位置生成目录。执行"引用|目录|自定义目录"可进行更多设置，如图 3.50 所示，常用参数"显示级别"设置为 3，则文档中"大纲级别"为 4 级的标题就不会在自动目录中显示。

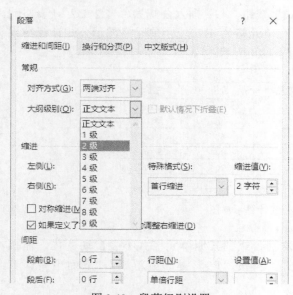

图 3.49　段落级别设置

图 3.50　设置自动目录显示级别

（3）对自动目录的编辑修改

① 格式和级别的修改　自动生成目录后，用户仍可对其进行格式编辑，调整字体、字号、缩进、行距等。用户如果要查看、修改文档中标题的级别，可以通过"段落"窗口，或者通过"视图|大纲视图"，利用"大纲工具"查看或升降标题的级别。

② 页码的对齐　如图 3.51 所示的一个自动目录，目录的页码对齐可由标尺上的制表符控制，用户可选中要调整的目录内容，拖动该制表符位置控制页码的对齐。

③ 目录内容的更新　当文档内容修改后，执行"引用|目录|更新目录"，可选择只更新页码还是更新目录的全部。但注意更新可能会导致目录格式变化。

3.1.7.2　邮件合并批量生成内容

生活中常有邀请函、请柬、名片、通知单等批量文档需要生成，这些文档特点是主要内容相同，只是部分数据有变化。为了高效批量生成，Word 提供了邮件合并功能，利用"邮件|邮件合并分步向导"可轻松实现目的，如图 3.52 所示。

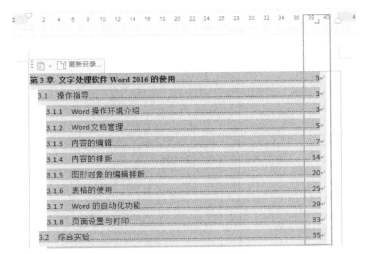

图 3.51　自动目录示例

图 3.52　邮件工具栏

按邮件合并向导的指示操作如下：

① 选择制作的文档类型（本例选"信函"）。

② 选择开始文档。一般用当前文档，且已经编辑排版好一定内容作模板。

③ 选择收件人。选择邮件合并窗口中的"浏览"，选择收件人信息所在的文档（常用的 CSV、XLSX、TXT、MDB 等文件），本例准备了一个 Excel 文件。

④ 撰写信函。第 4 步操作时，一般信函的共同内容可以提前准备好，也可以现编辑，此时最关键的是插入特殊域的内容。在需要的位置定位光标后选择某种数据项，如图 3.53 所示。

示例选择"其他项目"，选择 Excel 表中的某项插入。继续这种编辑操作，插入需要的数据项后，向下到第 5 步可以通过预览按钮检查数据项填入数据后的效果。

⑤ 预览信函。

⑥ 完成合并。

选择"邮件|完成并合并"下拉栏中的"编辑单个文档"，选择"全部记录"，可看到合并后的文档，保存即可，结果如图 3.54 所示。

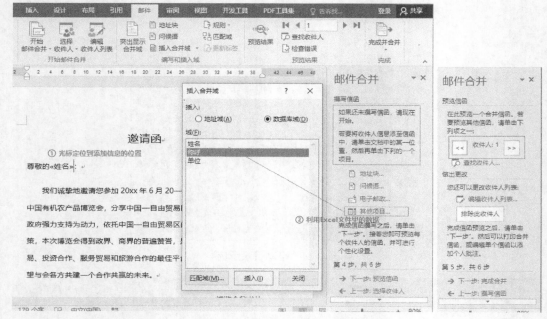

图 3.53 邮件合并过程示意图

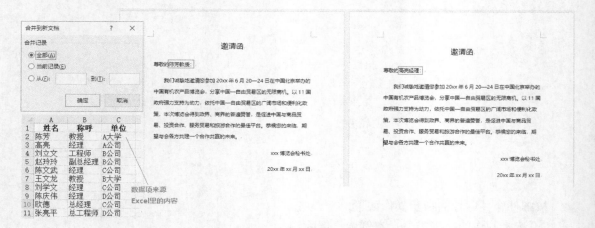

图 3.54 邮件合并结果

3.1.7.3 宏与 VBA 脚本编程

宏可以把常用 Word 操作批量化定义，然后通过执行宏减少重复工作，提高工作效率。

宏本质上就是底层代码驱动的一系列操作，"视图|宏"里提供了"录制宏""查看宏"操作。通过"文件|选项|自定义功能区"将 Word 的"开发工具"工具栏设置显示，"开发工具"中不仅提供了宏的相关操作，还提供了更多的代码编辑功能。

下面通过一个示例感受录制宏、查看宏代码、重用宏的作用。

（1）录制宏

点击"视图|宏"里的"录制宏"按钮，或"开发工具|代码"区里的"录制宏"都可启动宏录制。录制一系列表格操作后，通过"视图|宏"或"开发工具|代码"执行"停止录制"。如图 3.55 所示。

（2）宏代码与宏的执行

通过"视图|宏"或"开发工具|代码"可查看宏，如果需要可选择相应的宏后再"执行"。如图 3.56 所示。

图 3.55　录制宏操作　　　　　　　　　图 3.56　执行宏

通过"开发工具|Visual Basic"（快捷键"Alt + F11"）打开 VBA 程序编辑窗口编辑或查看宏最本质的代码，如图 3.57 所示，本例录制的宏操作是插入一个表格并在表格中插入一个求和函数。

图 3.57　查看宏代码示例

VBA 编程在 Office 的软件中多有使用，可以使软件功能得到更大的强化和延展，尤其是 Excel 里可以实现更强大的数据处理功能，感兴趣的学习者可自主深入学习。

3.1.8　页面设置与打印

页面排版关系到文档的整体输出效果，我们把页面有关的页眉和页脚、脚注和尾注、页面设置等操作集中在本节整体介绍。

3.1.8.1 页眉和页脚

页眉和页脚主要用于在每页的顶部和底部区域设置各页共同的元素，可以是文字信息、装饰元素或者是页码页数等特殊代码域生成的可变信息。双击页面上部的页眉区域或下部的页脚区域就能进入其编辑模式，双击正文编辑区则切换到正文编辑模式。或者执行"插入|页眉和页脚|页眉"下拉按钮的"编辑页眉"也可进入页眉编辑。

进入页眉页脚的编辑状态后，"页眉和页脚工具"会动态显示在 Word 功能区，如图 3.58 所示。当执行条件不足时，有的功能是不能做的，比如"链接到前一条页眉"是灰色的，因为该功能是在文档中存在多节时，对后面小节进行页眉设置时才可用。

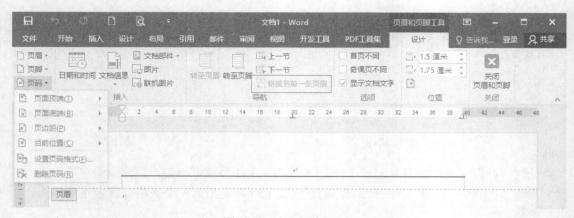

图 3.58　页眉和页脚工具

（1）编辑页眉

一般，在一页的页眉设置内容，其他页面会自动应用相同的页眉。页眉的内容不仅可以是单纯的文本，也可以设置自定义格式的段落边线、添加图片元素。如图 3.59 所示，页眉文字设置了特殊的底部段落边框线，页眉两行文字不仅设置了字体，还插入了"浮于文字上方"的图片达到装饰效果。

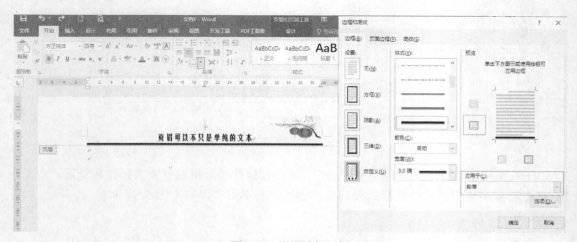

图 3.59　页眉编辑示例

（2）设置不同的页眉、页脚

① 奇、偶页显示不同页眉。勾选"页眉和页脚工具"功能区的"奇偶页不同"复选框，分别在某个奇数页或偶数页编辑页眉内容即可。

② 不同页显示不同的页眉和页码格式。

　　a．先使用分节符（"页面布局|页面设置|分隔符"里的"分节符|下一页"），将整个文档划分成不同小节，每节是一个逻辑部分。

　　b．然后，将各节间页眉页脚的默认链接关系断掉（分别进入第 1 节后的每小节某页的页眉编辑区，点击"页眉和页脚工具|链接到前一条页眉"按钮使其是非选中的状态）。

　　c．再分别编辑各节的某页的页眉或页脚，就可以得到各自不同的内容了，效果如图 3.60 所示，能观察到其他节页眉不跟随该节页眉的修改而变化。页脚区域的编辑和页眉编辑类似，不再举例。

图 3.60　每节设置不同页眉示例

（3）设置页码

一般页眉或页脚里常会插入页码，可通过执行"插入|页眉和页脚|页码"插入页码，或双击页眉或页脚区域进入编辑状态，利用页眉页脚工具中的"页码"下拉按钮实现。

如果想实现页脚区显示"第 n/m 页"形式的页码，"第""页"这些文字可直接输入，但"当前页数" n 和"总页数" m 应是通过执行功能按钮插入的可自动更新的域内容，不能是手工输入的数字。

执行"插入|页眉和页脚|页码"下拉按钮里的"设置页码格式"（如图 3.61 所示），如果文档设置了分节，可以设置每节页码是顺序编号，还是节内单独设置起始页码；还可设置页

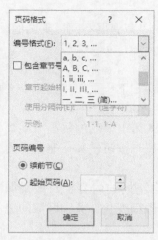

图 3.61　页码格式设置

码为数字、罗马字符等不同格式。

3.1.8.2　脚注和尾注

脚注和尾注一般在页面底端或正文最后，是对文档内容进行补充说明的，一般用于名词解释、备注说明或标注引用内容的来源等。

（1）插入脚注

将光标定位于需要添加脚注的文字后，执行"引用|脚注|插入脚注"，光标会自动跳转到页面底部，此时输入脚注内容即可。添加脚注的文本会有上标格式的脚注序号，鼠标移动到文字旁的脚注上会提示脚注内容；双击脚注内容时，会快速跳转到页面底端的脚注内容；选择脚注标志序号删除，脚注内容就一起删除了。

（2）添加尾注

一般情况下，文档的所有尾注依次排列放置于文档的最后部分。选中要添加尾注的文本，执行"引用|脚注|插入尾注"，光标也会自动跳转到文档末的尾注处，直接输入注释文本即可。删除某个尾注，选中并按"Delete"键即可。

（3）脚注与尾注的相互转换

脚注与尾注之间可以相互转换，从而实现快速调整注释的格式类型。具体操作是：打开"脚注和尾注"对话框，单击"转换"按钮，在弹出的"转换注释"对话框中选择转换的方式，单击"确定"按钮即可。

3.1.8.3　页面设置

"布局|页面设置"功能区提供了页面"文字方向""页边距""纸张方向""纸张大小"等的常用设置，也可点击该功能区右下方小按钮，打开页面设置窗口进行更详细的设置，当排版对字数有细致要求时，可通过"文档网格"设置文档的字符数、行数等，一般情况下，最常用的是各种边距的设置。

（1）页边距设置

页边距是页面边缘到工作区域的距离，有上下左右四个方向的调整。由于打印机本身的机械结构（走纸系统、纸张感应系统）等原因，每款打印机都有所需定义的最小边距，如果设置为 0，会自动提示超出打印区域，边距会自动设置到最小缺省值，A4 纸是 4mm 左右。

（2）页眉页脚和页面边框的边距混合设置

当页面存在页面边框、页脚有页码时，页边距、页脚边距、边框边距混合设置时，要注意边框线是否将页脚内容包围进来，框线是否与页脚内容覆盖在一起。

举例如图 3.62 所示，设置页面下边距为 2.5cm、页脚边距 1.5cm，页面边框选项设置"测量基准"基于"文字"，实现将页脚调整到页面边框线外的效果。也可在页码前添加空行使其和边框线距离加大。

（3）纸张装订相关设置

① 装订线　如果考虑文档打印后的装订工作，还要根据需要设置装订线位置和距离。

② 纸张方向　有时候根据内容排版风格，调整纸张方向为横向或纵向，需要利用的纸张数量不同，设置合理的方向可以节约页面空间。

③ 特殊书籍折页设置　页面设置还能支持特殊装订要求，比如杂志页面从中间装订的

情况，如果文档共有 50 页，打印时要在第 1 张纸的一面同时打印文档的第 1 页和第 50 页，在下一面打印文档的第 2 页和第 49 页，以此类推。这种要求需要"页面设置"和"打印设置"双面打印配合实现。

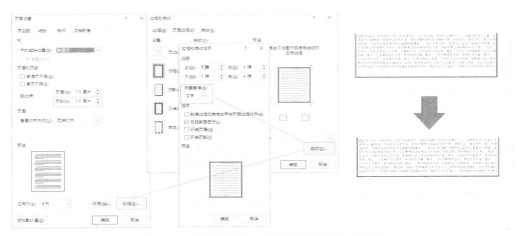

图 3.62　页眉页脚和页面边框的边距混合设置

首先，设置"页面设置|多页"的"书籍折页"选项，如图 3.63 所示。

然后，设置双面打印。由于一般家用或小型打印机不支持自动双面打印，本例选择"文件|打印|设置"下拉列表的"手动双面打印"，如图 3.64 所示。打印机会先打印一半的文档内

图 3.63　页面设置

图 3.64　设置手动双面打印

容，操作者需要等待手工换纸的弹出提示，然后手动翻转所有纸张后再按"确定"，继续完成后一半文档页面的打印。建议打印前，用铅笔在纸张上标注一下打印输出方向，方便手工翻面时判断如何翻转纸张。

（4）打印预览

页面设置完后，可通过窗口标题栏的"打印预览" 按钮打开"文件打印"窗口，右侧预览区查看文档打印效果，确定打印前编排达到目标效果再打印可节约纸张等耗材。打印预览时还可以设置调整显示比例、缩放到页面等。

3.2　综合实验

本节通过案例实验完成 Word 的综合练习，练习并熟练掌握从文字、段落到页面整体的编辑排版，包括图文混排、表格的操作等。

3.2.1　实验 1：书稿综合排版案例

3.2.1.1　操作要求

① 文章总标题设置黑体、小二号、居中；正文文字设置 10 磅等线正文字体。

② 全文段落设置首行缩进 2 字符，段前 0 行、段后 0.5 行，单倍行距。

③ 各小标题的排版设置。

　　a. 设置小标题格式为"标题 2 样式"、四号大小。

　　b. 用格式刷快速应用到各标题。

　　c. 通过分隔符使每个标题单独起一页。

　　d. "3. 计算机发展"中 4 个阶段的标题设置"标题 3 样式"，五号大小。

④ 打开"视图|导航窗格"，通过点击左侧标题栏，快速切换浏览不同标题下的内容。

⑤ 将全文中的英文字母通过"编辑|替换"操作设置为红色、加粗格式。

⑥ "2. 世界上第一台电子计算机"的内容部分修改排版如下：

　　a. "ENIAC 也存在着诸多严重不足"后面的 3 个条目编辑修改为带圈的数字编号。

　　b. "ENIAC 三个重大改进"的三个条目，设置（1）形式的自动数字编号。段落设置左缩进 2 字符、右缩进 0 字符、首行缩进无设置。

编辑关于"第一"的争议内容，设置双线型的段落边框线，左右缩进都设置 4 字符。

①～⑥步排版效果如图 3.65、图 3.66 所示。

⑦ "5. 新一代计算机（新型计算机）"内容部分，设置典型计算机条目为菱形样式的项目编号格式。并设置字体格式为黄色突出显示。

排版最终效果如图 3.67 所示。

⑧ "6. 计算机发展趋势"内容部分，设置 4 个条目在两栏内，且利用快捷键添加手工分栏符使后两个条目内容在后一栏里。

排版最终效果如图 3.68 所示。

⑨ 图文混排要求 1。

　　a. 在"世界上第一台电子计算机"标题下插入 ENIAC、EDSAC 的图片，调整大小使其在一行。

图 3.65　排版效果示意图（1）

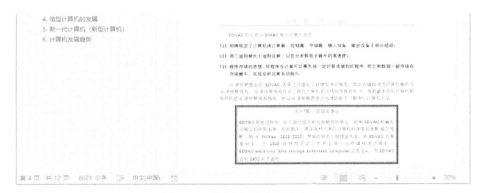

图 3.66　排版效果示意图（2）

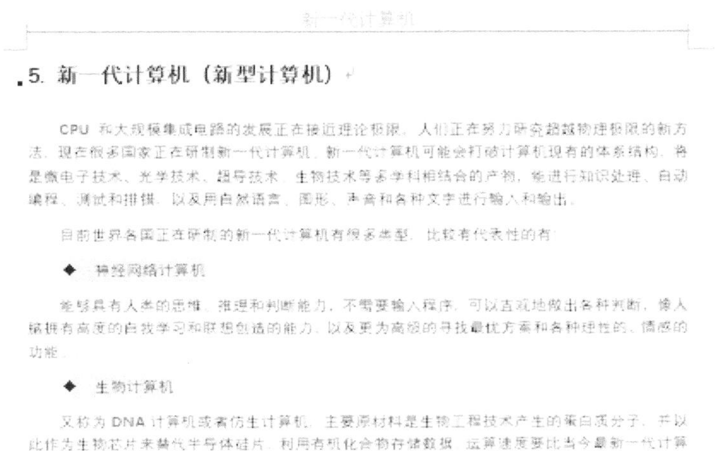

5. 新一代计算机（新型计算机）

CPU 和大规模集成电路的发展正在接近理论极限，人们正在努力研究超越物理极限的新方法。现在很多国家正在研制新一代计算机。新一代计算机可能会打破计算机现有的体系结构，将是微电子技术、光学技术、超导技术、生物技术等多学科相结合的产物，将进行知识处理、自动编程、测试和排错，以及用自然语言、图形、声音和各种文字进行输入和输出。

目前世界各国正在研制的新一代计算机有很多类型，比较有代表性的有：

◆　智能网络计算机

希望具有人类的思维、推理和判断能力，不需要输入程序，可以直观地做出各种判断，输入模拟具有高度的自我学习和联想创造的能力，以及更为高级的寻找最优方案和各种理性的、情感的功能。

◆　生物计算机

又称为 DNA 计算机或者仿生计算机，主要原材料是生物工程技术产生的蛋白质分子，并以此作为生物芯片来替代半导体硅片，利用有机化合物存储数据。运算速度要比当今最新一代计算

图 3.67　项目符号文字排版效果示意图

不是物理学定律"，因而作为一种追求科学的信仰，摩尔定律将激励着无数科学家不断地提升计算机的性能，从多个方面促进未来的计算机发展。目前计算机的主要发展趋势可归结在如下几个方面。

1. 巨型化

巨型化是指研制速度更快的、存储量更大的和功能强大的超级计算机，这类计算机用于处理庞大而复杂的问题，例如国防军事、航天工程、石油勘探、天气预报、人类遗传基因等国家重大工程，是衡量一个国家的科技实力和综合国力重要标志。因此，超级计算机的研制是各国在高科技领域竞争的热点，每年发布全球超级计算机 500 强排名。

2. 微型化

微型化是指利用微电子技术和超大规模集成电路技术，使得计算机的体积进一步缩小，价格进一步降低，性能更强、可靠性更高、适用范围更广。各种笔记本电脑和 PDA 的大量面世，是计算机微型化的一个标志。

3. 智能化

智能化是指让计算机具有模拟人的感觉和思维过程的能力。智能计算机具有解决问题和逻辑推理的功能，自然语言的生成和理解、自我学习的功能等。目前，已研制出各种"机器人"，有的能代替人劳动，有的能与人下棋等等。智能化使计算机突破了"计算"这一初级的含意，从本质上扩充了计算机的能力，可以越来越多地代替人类脑力劳动。但与人脑相比，其智能化和逻辑能力仍有待提高。

4. 网络化

网络是现代通信技术与计算机技术相结合的产物，互联网将世界各地的计算机连接在一起，物联网将万物互联，网络化彻底改变了人类世界。未来，计算机将更加网络化，在这个动态变化的网络环境中，实现软件、硬件、数据资源的共享，从而让用户享受可灵活控制的、智能的、协作式的信息服务，并获得前所未有的使用方便性。

图 3.68　分栏排版效果示意图

b．添加一行标注名字的图注文字“图 1 ENIAC　图 2 EDSAC”。

c．用“清除所有格式”橡皮擦工具清除图片行和文本行的格式。

d．插入文本框将图片和标注文字行嵌套起来，设置文本框的框线为无轮廓的，文本框环绕文字设置“上下型环绕”。

e．文本框内的内容，选中后设置居中对齐，小五号大小，图注文字间利用“Tab”键调整下间距。

排版效果如图 3.69 所示。

世界上第一台电子计算机

2. 世界上第一台电子计算机

图 1 ENIAC　　图 2 EDSAC

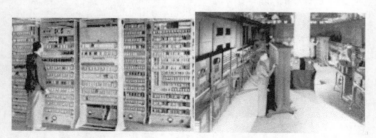

20 世纪 20 年代后，电子技术和电子工业的迅速发展为研制电子计算机提供了可靠的物质和支持。在许许多多科学家的不懈努力下，1946 年由美国宾夕法尼亚大学莫奇利和埃克特领导的

图 3.69　图文混排效果示意图（1）

⑩ 图文混排要求 2。

　　a. 在"3．计算机发展"标题下，插入电子管、晶体管、集成电路素材图，调整大小使其在一行。裁剪掉集成电路图片上下的白边。

　　b. 类似的排版步骤：添加一行文字"图 3 电子管、晶体管、集成电路示意图"。插入文本框将图片和标注文字行嵌套起来，并设置文本框的框线为无轮廓的。文本框环绕文字设置"上下型环绕"。

排版效果如图 3.70 所示。

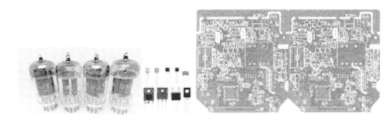

图 3.70　图文混排效果示意图（2）

⑪ 图形制作。在总标题下插入"水平层次结构"的 SmartArt 绘制图形，绘制形状图形并组合。形象地说明计算机发展过程（需要的文字可从正文中复制，注意练习快捷键实现的文本选择、复制、粘贴操作）。

排版效果如图 3.71 所示。

⑫ 表格排版要求。在"3．计算机发展"内容后插入表格，制作如图 3.71 所示效果，总结计算机发展的各个阶段。

　　a. 插入一个 5 行 7 列的表格，通过绘制表格、合并单元格得到"组成结构"内容部分的组合单元格效果。

　　b. 从正文复制需要的文字到单元格（效率提示：先把需要的文字复制到表格附近，然后用鼠标选中拖拽进单元格）。全选表格，设置文字垂直和水平都居中，等线字体，10 磅大小。

　　c. 表格布局设置"根据窗口自动调整表格"，拖拽、双击表格边框线或通过设置行列距离值调整行列。

　　d. "逻辑器件"列调整文字方向为竖向。

　　e. 设置如图 3.71 所示没有左右侧面框线的效果。

　　f. 设置表格跨页重复表头，并设置表头淡绿色底纹。

排版效果如图 3.72 所示。

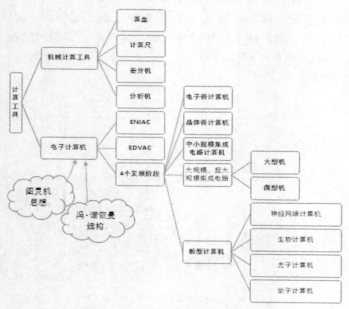

图 3.71 图形制作效果示意图

阶段	计算机类别	时间	组成结构			计算机特点
			逻辑器件	存储设备	软件特点	
第一代计算机	电子管计算机	1946～1957年	电子管	磁鼓磁带	机器语言编程	体积大、运算速度慢、存储容量小、可靠性低；几乎没有什么软件配置，主要用于科学计算
第二代计算机	晶体管计算机	1957～1964年	晶体管	磁芯磁盘	高级语言、编译系统	速度提高，应用普及，除应用于科学计算外，还开始应用在数据处理和工业控制等方面
第三代计算机	中小规模集成电路计算机	1964～1972年	集成电路	半导体存储器	功能完备的操作系统，大量面向用户的应用程序	功能强大，计算机开始走向标准化、模块化、系列化

阶段	计算机类别	时间	组成结构			计算机特点
			逻辑器件	存储设备	软件特点	
第四代计算机	大规模、超大规模集成电路计算机	1972年至今	集成电路	半导体存储器	完善的系统软件、丰富的系统开发工具和商品化应用程序	网络化、高速化发展；大型、巨型计算机推动了许多新兴学科的发展。微型计算机也迅速发展

图 3.72 表格制作效果示意图

⑬ 生成自动目录。在主标题前添加"分节符|下一页",在新的第一页插入生成自动目录,设置目录内容宋体、小四号,2 倍行距。

⑭ 设置不同的页眉。

　　a．利用"编辑|替换"操作删除所有"分页符"。

　　b．重新给每个标题前添加"分节符"下一页。

　　c．在每节的页眉编辑区,点击取消"链接到前一条页眉",然后把各自的标题内容设置到页眉,设置小四号大小。

⑮ 添加页码。在第 2 节页脚点击取消"链接到前一条页眉",添加页码,并设置从 1 开始编号。设置页码五号大小,居中显示。

⑯ 页面设置并打印。

　　a．其他节页边距保持默认,单独设置目录所在页的页边距(注意已经分了节)左右各为 1cm。设置页脚的下边距为 1cm 并应用于整篇文档。

　　b．选中目录所有行,在标尺上拖动调整控制页码对齐的制表符位置。为防止页码内容更新后目录没有更新,执行目录右键菜单,更新域(只更新页码)。

　　c．没有连接物理打印机的,可以执行"文件|打印"时选择"打印机"下拉列表里的"Microsoft print to pdf"把文件打印成电子文件。

步骤⑬～⑯排版效果如图 3.73 所示。

3.2.1.2　操作提示

注意:窗口最大化和非最大化状态时,各工具区域里的图标显示会有展开和收缩的不同。操作时是否已经进行了合适目标对象的选择也会影响操作的进行,下面的操作提示供参考,操作者还需根据操作逻辑细心、用心,有时候操作方法并不唯一。

① 选中目标文字。通过"开始|字体"功能区"字体"和"字号"下拉按钮 ,按要求设置。通过"开始|段落"功能区的对齐按钮 设置"居中"对齐。

② "Ctrl+A"全选。点击"开始|段落"功能区右下角按钮 ,打开"段落"设置窗口,设置"间距"区的各项参数即可。

③ 各小标题的排版设置。

　　a．选中一个小标题的文字(带段落符号),选"开始|样式"里的"标题 2"样式 。再回到"开始|字体"功能区设置"字号"。

　　b．光标定位在 a 步设置好格式的标题上,双击"开始|剪贴板|格式刷" ,鼠标呈现刷子状态;依次将鼠标定位到其他各标题行,在行左侧呈箭头状态时,点击将格式应用到标题所在行(段)。

　　c．勾选"视图|显示|导航窗格" ,Word 编辑区左侧出现导航窗口,依次点击标题可快速定位到其所在位置。键盘"Home"键移动光标到行首,执行"布局|页面设置|分隔符"下拉按钮里的"分页符" 实现每个标题单独起一页。

　　d．类似 a、b 步,按要求的格式操作。

④ "视图|显示|导航窗格",在导航窗格中熟悉按标题浏览文章的操作模式。

⑤ 格式替换。

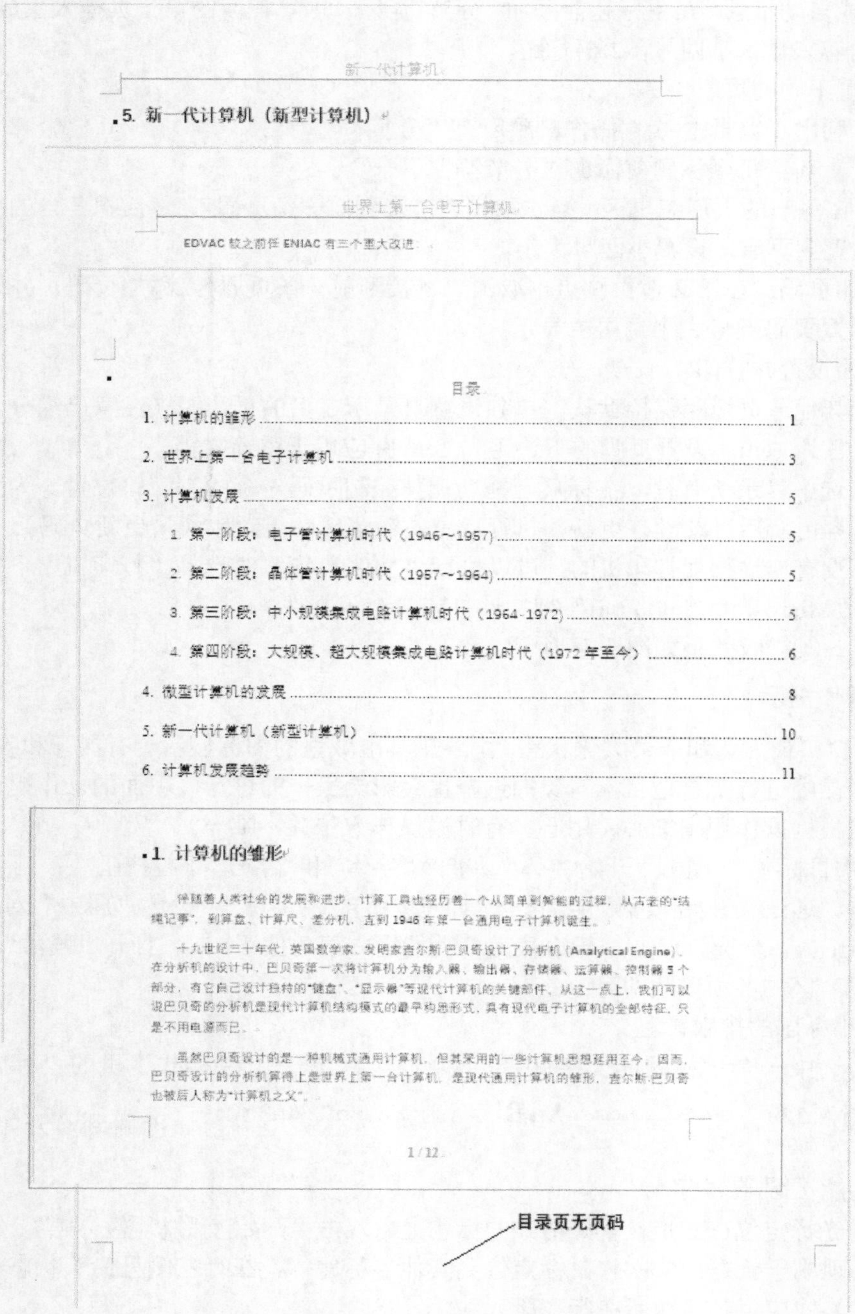

新一代计算机

.5. 新一代计算机（新型计算机）

世界上第一台电子计算机

EDVAC 较之前任 ENIAC 有三个重大改进。

目录

.1. 计算机的雏形

伴随着人类社会的发展和进步，计算工具也经历着一个从简单到智能的过程，从古老的"结绳记事"、到算盘、计算尺、差分机，直到 1946 年第一台通用电子计算机诞生。

十九世纪三十年代，英国数学家、发明家查尔斯·巴贝奇设计了分析机（Analytical Engine）。在分析机的设计中，巴贝奇第一次将计算机分为输入器、输出器、存储器、运算器、控制器 5 个部分，有它自己设计独特的"键盘"、"显示器"等现代计算机的关键部件，从这一点上，我们可以说巴贝奇的分析机是现代计算机结构模式的最早雏形式，具有现代电子计算机的全部特征，只是不用电源而已。

虽然巴贝奇设计的是一种机械式通用计算机，但其采用的一些计算机思想延用至今，因而，巴贝奇设计的分析机算得上是世界上第一台计算机，是现代通用计算机的雏形，查尔斯·巴贝奇也被后人称为"计算机之父"。

1 / 12

目录页无页码

图 3.73　目录及页眉页脚排版效果示意图

a. 通过"开始|编辑|替换"打开"查找和替换"窗口，并点击左下角"更多"按钮展开窗口全部的设置。

b. 光标定位到"查找内容"框里，点击下方按钮"特殊格式|任意字母"。如图 3.74（a）所示；光标定位到"替换为"框里，点击下方按钮"格式"，选择"字体"，选择设置"红色""加粗"，如图 3.74（b）所示。

(a) 查找设置　　　　　　　　　　　　　　　(b) 替换设置

图 3.74　查找和替换示意图

⑥ 内容编辑步骤。

a. 可直接通过输入法输入带圈的数字编号，也可输入数字后用"开始|字体"带圈的文字按钮设置。

b. "开始|段落|编号"下拉列表选择即可；再利用"段落"设置窗口，按要求设置缩进值。

c. 选中段落文字，执行"开始|段落|边框线"下拉按钮里的"边框和底纹"进行设置，如图 3.75 所示。

图 3.75　边框线设置示意图

⑦ 通过"开始|段落|项目符号"下拉列表  选择即可，再通过"开始|字体"的突出显示文本按钮设置文字 。

⑧ "布局|分栏"下拉列表中选择"两栏"；光标定位到第三条前，按快捷键"Ctrl + Shift + Enter"手动控制分栏。

⑨ 图文混排。

    a. "插入|图片"插入两个图片，图片默认是嵌入式的，拖动图片四周锚点使图片缩小到合适大小即可使其在一行。

    b. 四车换行写入需要的文字，鼠标定位在文字行，"开始|段落"里用 按钮适当调整行距。

    c. 选中图片和文本行，点击"开始|字体|清除格式"按钮 。

    d. 选中图片和文本行，执行"插入|文本框 "下拉列表中的"绘制文本框"。选中文本框，旁边悬浮着"环绕文字"按钮，点击选择"文字环绕"里的"上下型环绕"，选中文本框后可拖动四周锚点调整文本框大小。在"绘图工具"中，设置形状轮廓为"无"。

    e. 光标定位在文本框里，按"Ctrl + A"可全选文本框内的内容，"开始|字体"的 仿宋 四号 和"开始|段落"里的 设置。"图|ENIAC"文字后按"Tab"调整间距。

⑩ 同⑨。

⑪ 插入 SmartArt 图。

执行"插入|插图"的 SmartArt 里的"水平层次结构图"，进入 SmartArt 编辑状态，在左侧文字编辑区，利用回车增加条目即可自动增加一个图形块，"Tab"和"Shift + Tab"键可自动调整图形块的组织结构层次。如图 3.76 所示。

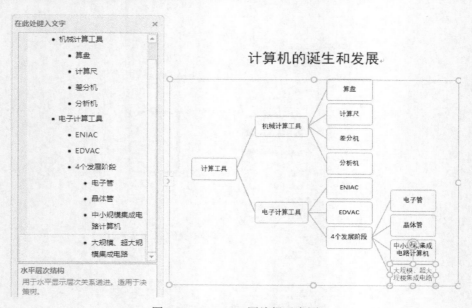

图 3.76　SmartArt 图编辑示意图

⑫ 表格排版。

a. "插入|表格"插入表格后"表格工具"动态出现。用"表格工具|布局|绘制表格" 绘制表格 工具在已有表格的后面连续的 3 列上手动画横线,可拆分出多个单元格; 然后选中上面三个小单元格执行"布局|合并|合并单元格"。如图 3.77 所示。

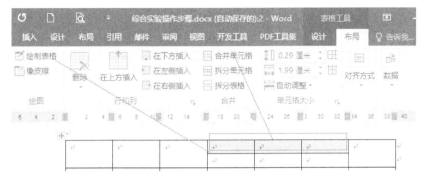

图 3.77　拆分及合并单元格编辑示意图

b. 点选"表格"左上角的符号 全选表格内容,选"布局|对齐方式"里的居中对齐 按钮 。

c. 光标定位在表格里,"表格工具|布局|自动调整"里选"根据窗口自动调整表格"。

d. 光标在列上方呈黑色小箭头时点选整个列,执行"表格工具|布局|对齐方式"里的 文字方向,如图 3.78 所示。

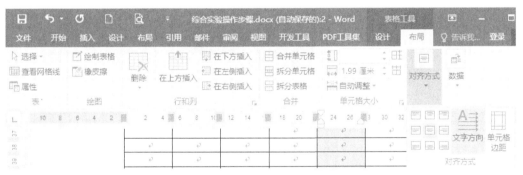

图 3.78　表格内容文字方向设置示意图

e. 光标定位在表格里,"表格工具|设计|边框"里选"边框和底纹"进行设置,如图 3.79 所示。

f. 光标在表格里,右键菜单"表格属性",在行选项页勾选"在各页顶端以标题行形 式重复出现";光标定位在标题行里,点选"表格|工具|数据|重复标题行"设置重 复的标题行;"表格工具|设计|底纹"选淡绿色设置标题行颜色;如图 3.80 所示。

⑬ 生成自动目录。

a. 光标定位到在主标题前,执行"布局|页面设置|分隔符"的"分节符|下一页";

b. 光标定位在新产生的页,执行"引用|目录|自动目录"生成自动目录。

将目录内容全选,在开始工具栏设置宋体、小四号,2 倍行距 。

图 3.79　表格边框线设置示意图

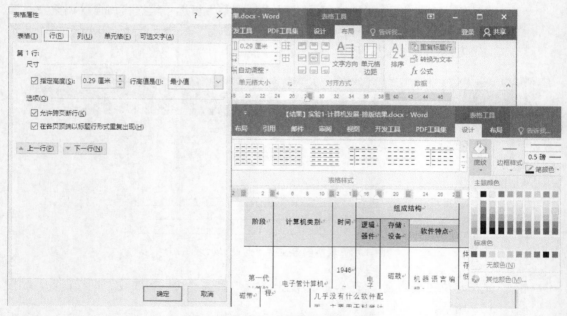

图 3.80　跨行重复表格标题行示意图

⑭ 设置不同的页眉

a. "编辑|替换"删除所有"分页符"，注意"替换为"框里是空，如图 3.81 所示；

b. 光标定位到在各标题前，执行"布局|页面设置|分隔符"的"分节符|下一页"；

c. 双击页眉区域，利用"页眉和页脚工具|导航"区里的"上一节""下一节"可快速在每节的页眉编辑区切换；

d. 在第 2 节及后面小节里，都点击取消"链接到前一条页眉"；

图 3.81　删除所有分页符示意图

e．再分别把各自的标题内容复制粘贴到页眉，"开始|字体"设置小四号大小。如图 3.82 所示。

图 3.82　各节设置不同页眉

⑮ 添加页码。同⑭步类似，在第 2 节页脚点击取消"链接到前一条页眉"，执行"页眉页脚工具"里的页码 下拉列表里选择"设置页码格式"，设置从 1 开始编号。

页脚编辑区选中页码后，"开始"功能区设置五号大小，居中显示。

⑯ 页面设置并打印。

a．光标定位在目录所在页，点击"布局|页面设置"功能区右下角按钮，进行页面设置，如图 3.83 所示。

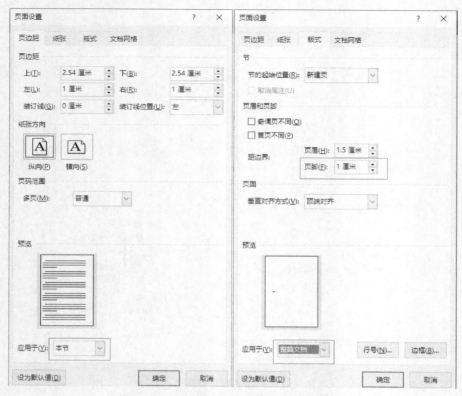

图 3.83　页边距和页眉页脚边距设置示意图

b. 选中目录所有行，在标尺上拖动调整控制页码对齐的制表符位置。

c. 目录右键菜单，选中更新域（只更新页码）。点击"文件|打印"菜单，选择"打印机"下拉列表里的"Microsoft print to pdf"。

3.2.2　实验 2：手抄报案例

（1）操作要求

Word 制作手抄报常采用文本框、图片等对象，通过混合排版，结合简单装饰即可完成。手抄报制作时，涉及的 Word 操作技术并不难，反而是设计构思、搜集素材、图片美化和文字编写这些非 Word 工作耗时更多。

针对素材完成以下操作，排版最终效果参见图 3.84。

① 主题风格设定及版面布局规划　设计制作一个手抄报不是一蹴而就的，最先解决的是风格和布局的规划问题。搜集图片及装饰元素过程中，风格也可能会随着素材的调整而发生变化。本例搜集了大海、高铁、卡通人物等图片素材（个别素材图片为了排版效果，用 Photoshop 处理了图像之外的区域为透明色，并保存为 png 图片。也可直接搜索合适的 png 素材图片）；文字素材进行适当的删减以能容纳在手抄报各版块里。设置纸张方向为横向，并设置"窄"页边距。

图 3.84　排版最终效果图

② 图片排版

　　a．插入"海景""火车""人物""边框"等素材图片，"植物画框"图片设置"衬于文字下方"的环绕方式，并拖动到覆盖整张纸的大小；其他图片设置为"四周环绕"，调整大小，并移动到合适的位置。

　　b．选中各图片，右键菜单中选"置于顶层"等调整层次，布局效果如图 3.84 所示。

　　c．左侧"高铁"图片为了实现有弧度融合，可插入一个三角形状，设置白色填充、编辑顶点得到需要的弧度，调整大小并旋转到合适的位置。设置白色形状在火车图片层次之上。

　　d．适当裁剪火车图片。

③ 英文排版　插入一个形式的艺术字，输入英文标题"Travel thousands of miles"，设置"字体|效果"为"小型大写字母"，最后拖动调整到合适大小。并将艺术字层次设置为"置于顶层"。

④ 文本框排版

　　a．插入两个文本框，设置为"四周环绕"，并调整大小移动到合适的位置。可根据个人设计需要添加更多文本框。

　　b．根据个人审美，设置左侧文本框淡黄色填充色、任意线型的棕色边框线效果；设置右侧文本框无填充色、无框线。

⑤ 装饰元素排版　在右侧文本框旁插入两个图形元素做装饰，设置黄色填充，紫色形状轮廓。

（2）操作提示

① "布局|页面设置"功能区中，分别选择"纸张方向"和"页边距"下拉按钮进行设置。

② 图片排版。

　　a．"插入|插图"里选"图片"，选中各图片，点旁边的悬浮按钮"环绕文字"按钮　，点击选择"文字环绕"里的"四周环绕"　；拖动四周锚点调整大小。

b. 选中需要调整层次的图片，在其上点右键快捷菜单，选"置于顶层"等调整层次。

c. 点"插入|插图"区的"形状"下拉按钮，插入一个三角形状，用于遮盖"火车"素材图片右上角区域。拖动形状四周锚点，调整大小并旋转到合适的位置；选择形状，"右键菜单"选"置于顶层"。

选中三角形状，执行"绘图工具|格式|插入形状|"的"编辑顶点" ⟟ ⋅ 得到需要的弧度，如图 3.85 所示。

选中形状，"绘图工具|格式|形状样式"里设置白色填充 △ ⋅ 、无轮廓线 ✎ ⋅ 。

d. "插入|图片"插入素材图片，选中图片，"图片工具｜格式"里点裁剪按钮 ⬚ 。

③ 英文匾额图排版。选"插入|文本|艺术字"，输入英文标题"Travel thousands of miles"；拖动艺术字框调整到合适大小。选中文字，点"开始|字体"右下角按钮打开字体设置，在"字体|效果"中勾选"小型大写字母"。设置图片层次步骤同②b 步。

④ 文本框排版。

a. 选择"插入|文本"功能区里的"文本框"下拉按钮里的"绘制文本框"。选中文本框后，选择旁边的悬浮按钮"环绕文字"，点击选择"文字环绕"里的"四周环绕"；拖动四周锚点调整大小。

b. 选中文本框，"绘图工具|格式|形状样式"里设置淡黄色填充 △ ⋅ 、棕色形状轮廓 ✎ ⋅ 下拉列表选"粗细" ☰ 粗细(W) ▶ 里的"其他线条" ☰ 其他线条(L)… ；在右侧"设置形状格式"窗口中进行设置即可。右侧文本框设置同理。

⑤ 装饰元素排版。执行"插入|形状"，折角型形状选中后执行"绘图工具｜格式｜形状样式"里选择需要的形状。设置黄色填充，紫色形状轮廓同④b 步。如图 3.86 所示。

图 3.85　"弧度"示例

图 3.86　基本形状

3.3　综合练习

（1）设计制作宣传海报

消除贫困，是人类自古以来的共同理想。即使是在科技发达、商品丰盈、社会进步的今天，消除贫困仍然是世界各国特别是广大发展中国家面临的十分重要而艰难的任务。中国是世界上最大的发展中国家，也是世界上人口最多的国家，经过不懈努力，我们创造了令世界惊叹的减贫治理成就，为实现可持续发展、推动构建人类命运共同体做出了重大贡献。2021年 2 月 25 日，中国向世界庄严宣告，中国脱贫攻坚战取得了全面胜利，现行标准下 9899 万农村贫困人口全部脱贫，832 个贫困县全部摘帽，12.8 万个贫困村全部出列，区域性整体贫困得到解决，完成了消除绝对贫困的艰巨任务，困扰中华民族几千年的绝对贫困问题得到历史性解决！这更是人类减贫史上的奇迹，为这颗蓝色星球上更多人摆脱绝对贫困提供了勇气、经验和力量，也铸就了人类进步的不朽丰碑！

要求：请以"消除贫困"为主题，搜集相关素材，制作宣传海报，向身边的人，甚至向外国朋友介绍中国取得的成绩，让世界了解中国，了解中国人民贯穿于五千多年发展中以爱国主义为核心的勇于创新、团结奋斗、自强不息的民族精神。

技能提示：要合理排版文字和图片素材，尤其注意排版的文字对齐设置要有美感，可利用项目编号设置使内容表达更条理。

（2）制作工作计划表——重点练习表格排版

青年，是祖国的未来、民族的希望。新时代的青年应当认识到国家命运与个人前途休戚相关，民族振兴与个体发展紧密相连，要做敢于担当、勇于奋斗，具有责任意识和创新精神的建设者，为中华之崛起而不懈奋斗，在历史的长河中留下浓墨重彩的一笔。

鲁迅说：愿中国青年都摆脱冷气，只是向上走，不必听自暴自弃者流的话。能做事的做事，能发声的发声。有一分热，发一分光。就令萤火一般，也可以在黑暗里发一点光。

要求：为自己制作一份工作计划表，督促自己勤奋学习、强身健体、锻炼身心，成为更好的自己。

技能提示：

① 可利用设置不可见边框线的表格进行整体排版规划；

② 表格内还可以嵌套表格；

③ 表格中也可以嵌套图片；

④ 适当添加编号和项目符号设置，使内容条理化。

（3）论文排版

中国以占世界 7%的耕地，养活占世界 22%的人口，解决粮食安全问题是中国永远不能发生动摇的一个基本的国策。历史上"管仲三策兴齐"，管仲提出三条重要的国家战略，通过贸易的巨额利润诱惑敌国放弃农业生产，通过三次粮食战争收复了鲁国和玳国。前事不忘后事之师，任何西方的经济学理论，都无法撼动中国人对粮食安全的坚守。

要求：请就粮食安全相关问题广泛调研，搜集资料或学术论文，整理总结编写一篇文章，题目不限，重点练习 Word 图文排版技术，学习论文排版规范要求，尝试实现规范论文排版。

（4）书籍或杂志排版

翻阅各种书籍、杂志，分析其用到了哪些主要的排版技术，从网络上下载获取一些素材尝试排版成相似效果。通过页面设置，多尝试不同的打印效果。

（5）尝试不同文字处理类软件

调研不同文字处理类软件在不同应用领域的应用，可进一步尝试学习并使用。

第4章 电子表格软件 Excel 2016 的使用

Excel 作为 Microsoft Office 的组件，是目前日常办公中应用得最广泛的软件之一。利用 Excel，不但能方便地创建和编辑工作表，而且 Excel 为用户提供了丰富的函数、公式、图表和数据分析管理的功能。因此，Excel 被广泛应用于文秘、财务、统计、审计、金融、人事、管理等各个领域。

4.1 操作指导

本教材采用 Excel 2016 的版本，图 4.1 为 Excel 2016 的操作界面，与之前的版本相比，界面更加美观、大方。Excel 的操作要点主要包括四个方面：基本操作、公式和函数的使用、数据图表化、数据的分析与管理。

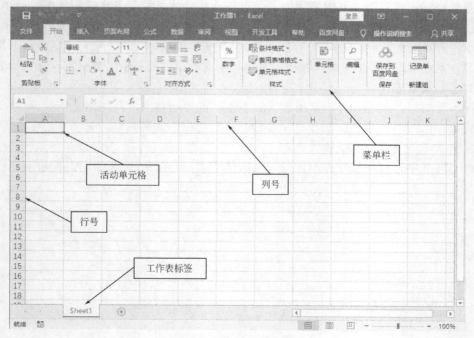

图 4.1　Excel 2016 界面

4.1.1　基本操作

4.1.1.1　工作簿和工作表的操作

Excel 中的工作簿像一本小册子，在小册子里面可以有很多页表格。而 Excel 中的工作表就是显示在 Excel 工作簿窗口中的表格。该表格由若干行和列组成，每一行的行号由 1、2、3 等数字表示，而每一列的列号由字母 A、B、C 等表示。Z 列之后的列标依次是 AA、AB、AC 等这样类推。行号显示在工作簿窗口的左边，列号显示在工作簿窗口的上边。

Excel 中默认一个工作簿有一个工作表 Sheet1，用户可以根据自己的需要新建多个工作表。在 Excel 2016 中一个工作簿可以建立任意多个工作表，在旧版本中最多可以建 255 个工作表。

工作簿的操作主要包括工作簿文件的新建、打开、保存以及保护和分享。平时使用频率最高的是"文件"和"审阅"两个选项卡下的相关命令。例如，新建一个工作簿可以单击"文件"选项卡下的"新建"，可以选择建立一个空白工作簿，也可以选择系统提供的模板。若要为工作簿加密，可单击"文件"选项卡下的"信息"，选择"保护工作簿""用密码进行加密"，加密后若要再次进入，需要正确输入密码方可，如图 4.2 所示。另外，在做好页面设置后，单击"文件"选项卡下的"打印"，可预览和打印文档，单击该选项卡下的"导出"，可将 Excel 文档转换为其他文件类型保存，单击该选项卡下的"选项"，可对 Excel 环境进行定制。

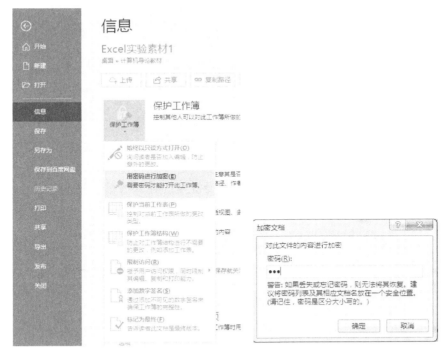

图 4.2　工作簿加密界面

工作表的操作主要包括工作表的插入、删除、移动、复制、重命名、保护、修改工作表标签的颜色、隐藏工作表等，可以将鼠标指向工作表标签，然后右键单击，在弹出的快捷菜单中选择要做的操作，如图 4.3 所示，也可以通过"开始"菜单的"格式"选项进行工作表的操作。注意，做删除工作表的操作时一定要慎重，在 Excel 中，工作表的删除是不可逆的，一旦删除是不能撤销的。如果要复制工作表的话，在菜单中一定要选中"建立副本"选项，否则只是移动工作表，如图 4.4 所示。如果要对多个工作表进行相同的操作，可以同时选定多个工作表（按住"Shift"键即可）或选定全部工作表，此时，Excel 进入组工作状态，一旦修改某一个工作表，那么所有被选中的工作表都会同时修改。

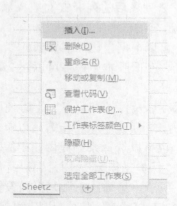

图 4.3　工作表的操作菜单

图 4.4　复制工作表

4.1.1.2　数据的输入

将数据输入到工作表的单元格中是用 Excel 完成工作最基础的步骤。一个单元格中最多可以输入 32767 个字符，如果是数值，则最多能显示 11 位，超过 11 位就会以科学记数法的形式显示输入的数据。在输入数据之前要先选中相应的单元格，往单元格中输入数据的方法一般有三种：直接输入、自动填充、外部导入，为了保证数据输入的正确性，往往还要进行有效性验证。

（1）单元格的定位

在执行 Excel 命令之前，要先确定被处理的单元格，可以选定一个单元格或是单元格区域。若选定一个单元格，它会被粗框线包围，若选定单元格区域，这个区域会以高亮方式显示。选定的单元格称为活动单元格，它能接受键盘的输入或单元格的移动、复制、删除等操作。

① 连续单元格的选定　用鼠标单击要选定的单元格或按方向键（←、→、↑、↓）移到要选定的单元格就能够选定某个单元格。选定连续的单元格区域时先将鼠标指向要选区域中的第一个单元格，再按住鼠标并沿着要选定区域的对角线方向拖拽鼠标到最后一个单元格，释放鼠标就选定一个连续的单元格区域。也可以先选定区域的第一个单元格，按住"Shift"键，然后使用方向键（←、→、↑、↓）扩展选定的单元格区域。

② 不相邻的单元格的选定　选定互不相邻的单元格区域时，首先选定第一个单元格或区域，然后按住"Ctrl"键并单击需要选定的其他单元格，直到选定最后一个单元格或区域，再释放"Ctrl"键。

③ 行、列及整个工作表的选定　单击某一行号或列号能选定该行或列。单击工作表左上角的空白按钮，即行标与列标相交处，或者使用组合键"Ctrl + A"能选定工作表的所有单元格。

④ 改变选定区域　若要改变所选定区域的大小，可以通过按 "Shift" 键并单击一个单元格，在激活的单元格和单击选取的单元格之间的区域形成新的高亮选定区。或者通过按住 "Shift" 键，并使用方向键（←、→、↑、↓），将所选取的区域扩展到需要的位置。

（2）直接输入数据

在 Excel 中，用户可以向工作表的单元格中输入各种类型的数据，如文本、数值、日期和时间等，每种数据都有它特定的格式和输入方法。

① 文本（字符或文字）型数据的输入　在 Excel 中，文本可以是字母、汉字、数字、空格和其他字符，也可以是它们的组合。在默认状态下，所有文本型数据在单元格中均左对齐。输入文字时，文字出现在活动单元格和编辑栏中。输入时注意：在当前单元格中，一般文字如字母、汉字等直接输入即可；如果把数字作为文本输入（如身份证号码、电话号码、=3+5、2/3 等），应先输入一个半角字符的单引号 "'"，再输入相应的字符。例如，输入 "'010********" "'=3+5" "'2/3"。

② 数字（值）型数据的输入　数字型数据除了数字 0～9 外，还包括 "+（正号）" "−（负号）" "（" "）" "，（千分位号）" "．（小数点）" "/" "$" "%" "E" "e" 等特殊字符。数字型数据默认右对齐，数字与非数字的组合均作为文本型数据处理。输入数字型数据时应注意：输入分数时，应在分数前输入 0（零）及一个空格，如分数 2/3 应输入 0 2/3，如果直接输入 2/3 或 02/3，则系统将把它视作日期，认为是 2 月 3 日；输入负数时，应在负数前输入负号，或将其置于括号中，如−8 应输入 "−8" 或 "(8)"；数字间可以用千分位号 "，" 隔开，如输入 "12,002"；单元格中的数字格式取决于工作表中显示数字的方式；如果 Excel 用科学记数的方式显示数据而超出单元格基本长度，在单元格中会出现 "######"，但实际上数据是有效的，此时需要人工扩展单元格的列宽，以便能看到完整的数值。

③ 日期和时间型数据及输入　在 Excel 中将日期和时间视为数字处理。工作表中的时间或日期的显示方式取决于所在单元格中的数字格式。在键入了日期或时间型数据后，单元格格式显示为某种内置的日期或时间格式。在默认状态下，日期和时间型数据在单元格中右对齐。如果不能识别输入的日期或时间格式，输入的内容将被视作文本，并在单元格中左对齐。输入日期时间型数据需注意：一般情况下，日期分隔符使用 "/" 或 "-"，例如，2010/2/16、2010-2-16、16/Feb/2010 或 16-Feb-2010 都表示 2010 年 2 月 16 日；如果只输入月和日，就取计算机内部时钟的年份作为默认值；时间分隔符一般使用冒号 ":"，例如，输入 7:0:1 或 7:00:01 都表示 7 点零 1 秒；如果要输入当天的日期，则按 "Ctrl" + ";"（分号）；如果要输入当前的时间，则按 "Ctrl" + "Shift" + ":"（冒号）；如果在单元格中既输入日期又输入时间，则中间必须用空格隔开。

（3）数据的自动填充

在工作表的单元格中键入有规律的数据，最简单的方法是利用 "自动填充" 功能。有规律的数据是指等差、等比、系统预定义的数据填充序列以及用户自定义的新序列。自动填充功能是根据初始值决定的新序列。

设定初始值后，利用 "自动填充" 功能，拖动单元格右下角称为 "填充柄" 的黑色小方块穿越新单元格即可。"填充柄" 位于活动单元格的右下角或一个选择范围的右下角，将单元格指针指向填充柄时，单元格指针变为黑色的十字形，表明 "自动填充" 功能已生成。建立一系列的标签、数值或日期，只需拖动该指针穿越拟填充的单元格后释放即可。伴随拖动，

Excel 将在一个弹出框中显示该序列中的下一个值。

利用"自动填充"功能复制单元格中的数据时，遵循"自动填充"的规则见表 4.1。

表 4.1 "自动填充"的规则

数据结构形态	序列	示例
标签（文本）	无结构，只复制文本	单位、单位、单位 Units、Units、Units
数值	基于数值结构递增	10、20、30
带数值的文本	基于数值部分的结构建立序列	单位 1、单位 2、单位 3 Units1、Units2、Units3
星期	按星期几的格式建立序列	星期一、星期二、星期三 Mon、Tues、Wed
月	按月份的格式建立序列	一月、二月、三月 Jan、Feb、Mar
年	按年的格式建立序列	1997、1998、1999
时间	按时间区间的格式建立序列	1:30PM、2:00PM、2:30PM

自动填充有三种方式。

① 填充相同的数据相当于复制数据,选中一个单元格，直接将填充柄向水平或垂直方向拖拽。

② 填充序列数据可以通过"开始"选项卡下的 "编辑|填充|序列"命令，在"序列"对话框（见图 4.5）中进行有关序列选项的选择，或者通过选择两个有数据的单元格后拖拽填充句柄实现（默认为等差序列），如图 4.6 所示。

图 4.5 "序列"对话框

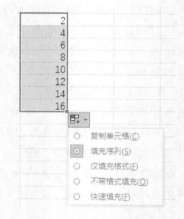

图 4.6 自动填充序列

③ 填充系统或用户自定义序列数据通过使用"文件"选项卡下的"选项"打开 Excel"选项"对话框，在其中选择"高级"选项中的"编辑自定义列表"按钮，打开"自定义序列"选项卡来添加新序列或修改系统已提供的序列，例如：将序列"总经理、副总经理、经理、组长、员工"添加到自定义序列列表中，如图 4.7 所示。使用时以填充相同的数据方式进行操作。

（4）从外部导入数据

利用"数据"选项卡下的"获取外部数据"功能区中的命令，可将文本文件、网页文件、数据库文件等多种文件类型的数据导入到 Excel 工作表中。如图 4.8 所示，打开链接的网页，选中表格，单击"导入"按钮，就可将网页中的表格数据导入到现有工作表中。

图 4.7　"自定义序列"选项卡

图 4.8　外部数据的导入

（5）数据有效性验证

Excel 输入数据时，经常会输入不规范或者无效的数据，给数据的统计工作带来很大的麻烦。数据验证能够建立特定的规则，限制单元格可以输入的内容，从而规范数据输入，提高数据统计与分析效率。数据验证是通过"数据"选项卡下的"数据工具"功能区中的"数据验证"命令进行的，其目的是检查数据的有效性，以阻止非法数据的输入。

例如：工作表中高等数学的成绩只能是 0～100 之间的整数，性别列只能输入"男"或者"女"。首先选定需要设置数据验证的单元格区域，通过"数据|数据工具|数据验证"命令，在其对话框中的"设置"选项卡输入数据范围，同时还可以对"输入信息""出错警告"选项

卡进行设置，如图 4.9 和图 4.10 所示，需要注意的是在输入性别序列男和女的时候，两者之间的逗号一定在英文输入法状态下输入，否则会产生错误。

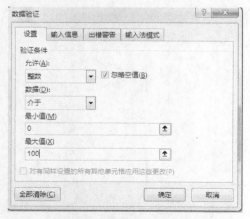

图 4.9　成绩数值的有效性设置

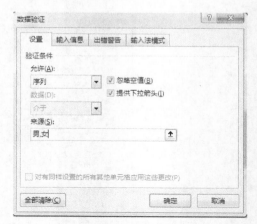

图 4.10　性别的有效性设置

4.1.1.3　格式化

工作表数据输入完成后，可以根据需要对表格数据进行设置和美化，包括行、列、单元格的编辑，单元格格式的设置、行列格式的设置、条件格式、套用格式等。

（1）行、列、单元格的编辑

Excel 中对行、列、单元格区域的编辑包括插入、复制、移动、粘贴、修改、清除、删除、选择性粘贴等。可选中待操作的行、列或单元格区域，在其右键菜单中可以找到相应的操作项。也可以在"开始"菜单的"剪贴板""单元格""编辑"选项卡中找到相应的操作按钮。例如：如果要在第 2 行和第 3 行之间插入一行，首先选中第 3 行的任一单元格，然后单击菜单中的插入工作表行按钮即可，如图 4.11 所示。需要注意的是"删除"和"清除"的区别。"删除"的对象是单元格，删除后单元格连同里面的数据全部消失。"清除"指的是清除单元格的内容，在"开始"选项卡的"编辑"功能区中，单击"清除"，在打开的下拉列表中可以看到有不同的清除选项，分别是"全部清除""清除格式""清除内容""清除批注""清除超链接"，可以选择清除单元格的一部分或全部设置，清除后单元格依然还在。另外，"选择性粘贴"可以实现多种形式的复制粘贴，如数据格式的复制、公式的复制、复制时进行数据计算等，如图 4.12 所示，其中各粘贴选项的功能简介如下：

① 粘贴：将源区域中的所有内容、格式、条件格式、数据有效性、批注等全部粘贴到目标区域。

② 公式：仅粘贴源区域中的文本、数值、日期及公式等内容。

③ 公式和数字格式：除粘贴源区域内容外，还包含源区域的数值格式。数字格式包括货币样式、百分比样式、小数点位数等。

④ 保留源格式：复制源区域的所有内容和格式，这个选项似乎与直接粘贴没有什么不同。但有一点值得注意，当源区域中包含用公式设置的条件格式时，在同一工作簿中的不同工作表之间用这种方法粘贴后，目标区域条件格式中的公式会引用源工作表中对应的单元格区域。

⑤ 无边框：粘贴全部内容，仅去掉源区域中的边框。

图 4.11 行的插入 　　　　　图 4.12 选择性粘贴对话框

⑥ 保留源列宽：与保留源格式选项类似，但同时还复制源区域中的列宽。这与"选择性粘贴"对话框中的"列宽"选项不同，"选择性粘贴"对话框中的"列宽"选项仅复制列宽而不粘贴内容。

⑦ 转置：粘贴时互换行和列。

⑧ 合并条件格式：当源区域中包含条件格式时，粘贴时将源区域与目标区域中的条件格式合并。如果源区域不包含条件格式，该选项不可见。

⑨ 值：将文本、数值、日期及公式结果粘贴到目标区域。

⑩ 值和数字格式：将公式结果粘贴到目标区域，同时还包含数字格式。

⑪ 值和源格式：与保留源格式选项类似，粘贴时将公式结果粘贴到目标区域，同时复制源区域中的格式。

⑫ 格式：仅复制源区域中的格式，而不包括内容。

⑬ 粘贴链接：在目标区域中创建引用源区域的公式。

⑭ 图片：将源区域作为图片进行粘贴。

⑮ 链接的图片：将源区域粘贴为图片，但图片会根据源区域数据的变化而变化。类似于 Excel 中的"照相机"功能。

（2）单元格格式的设置

单元格格式的设置包括：数字、对齐、字体、边框、填充、保护六个方面，这六个方面的格式设置，都可以从菜单上的"单元格"→"格式"（或从所选单元格的右键菜单上）选"设置单元格格式"，在"单元格格式"对话框中选项进行设置，如图 4.13 所示。这些设置都是最基本和最常用的，格式设置的目的就是使表格更规范，看起来更有条理，更清楚。

在"开始"选项卡下的"字体""对齐方式""数字"组中可以快速对单元格相关内容进行格式设置，另外，点击这三个组右下角的任意一个折叠箭头就可以打开"设置单元格格式"对话框。

① "数字"选项卡：在该选项卡下可以对单元格内数据进行数据类型设置，如将数据设置为百分比格式保留小数点后两位，如图 4.14 所示。

图 4.13 "设置单元格格式"对话框

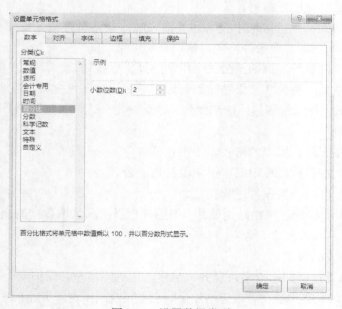

图 4.14 设置数据类型

②"对齐"选项卡:"水平对齐"下拉列表框包括常规、左缩进、居中、靠左、填充、两端对齐、跨列居中、分散对齐等多种对齐方式;"垂直对齐"下拉列表框包括靠上、居中、靠下、两端对齐、分散对齐几种对齐方式;"文本控制"复选框用来解决有时单元格中文字较长而被"截断"的情况——"自动换行"对输入的文本根据单元格列宽自动换行,"缩小字体填充"减小单元格中的字符大小,使数据的宽度与列宽相同,"合并单元格"可将多个单元格合并为一个单元格;"方向"可更改单元格中的文字为竖形文本或倾斜相应的角度,如图 4.15 所示。

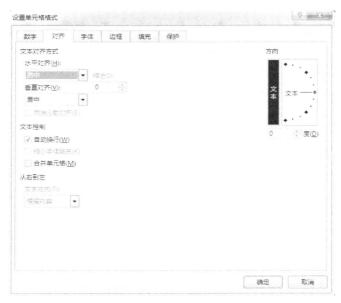

图 4.15　"对齐"选项卡相关设置项

③"边框"选项卡：可为单元格或单元格区域设置内外框线，如图 4.16 所示。

图 4.16　"边框"选项卡

④"字体"选项卡：设置单元格内容的字体、字号、字形等。

⑤"填充"选项卡：可为单元格及其区域设置填充背景颜色、图案颜色及图案样式，如图 4.17 所示。

⑥"保护"选项卡：Excel 提供了锁定、隐藏两种保护方式，可以设置对单元格的保护。对单元格的保护就是在打开、关闭或覆盖单元格内容时出现报警信息。设置锁定单元格保护可防止对单元格进行移动、修改、删除及隐藏等操作，也可隐藏单元格中的公式。选中"隐

藏"保护方式可隐藏单元格中的公式。应注意的是要锁定或隐藏单元格，只有在工作表被保护后才生效。

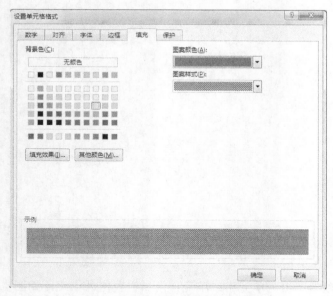

图 4.17　"填充"选项卡

（3）行列格式的设置

行列格式的设置主要包括设置"行高""列宽""隐藏""取消隐藏"等。可通过选中待设置的行或列打开右键菜单完成，也可以使用"开始"选项卡下的"单元格"功能区中的"格式"按钮下拉列表中的操作项完成格式设置。例如，将选中行的行高设置为 25，如图 4.18 所示。

图 4.18　行高的设置

（4）条件格式

所谓条件格式，就是为满足一定条件的一个或一组单元格设置特定的格式，如字体、字号、字体颜色、填充色等。利用条件格式，可以为表格进行智能着色，也可以为表格添加强调、预警、分类等效果，提升表格的智能化和自动化程度。

选中需要设置条件格式的单元格区域，在"开始"选项卡的"样式"功能区中选中"条件格式"，在下拉列表中找到相应的规则进行格式设置，如需设置多个条件，则按上述操作继续添加即可。例如，将表格中销售总和超过 20000 的单元格以浅红色填充深红色文本的格式突出显示出来。首先选中销售总和列的数据单元格，然后在"条件格式"的下拉列表中选中"突出显示单元格规则"下的"大于"，打开对话框，输入数值 20000，设置浅红色填充深红色文本，单击确定即可，如图 4.19 所示。若要删除条件格式，选择 "条件格式"下拉列表中的"清除规则"。

图 4.19　设置"条件格式"

（5）套用格式

Excel 提供了许多可用于快速设置表格格式的预定义表格样式。如果预定义表格样式不能满足需求，还可以创建并应用自定义表格样式。套用表格样式不仅可以快速设置美观大方的样式，还方便在这个表格块中添加数据后会自动进行汇总，高效完成数据的统计工作。在"开始"选项卡的"样式"功能区中，选择"套用表格格式"就可以看到系统提供的一系列既有样式，如图 4.20 所示。选择"单元格样式"可以直接为选中的单元格套用既有的样式，方便进行快速的格式设置，如图 4.21 所示。

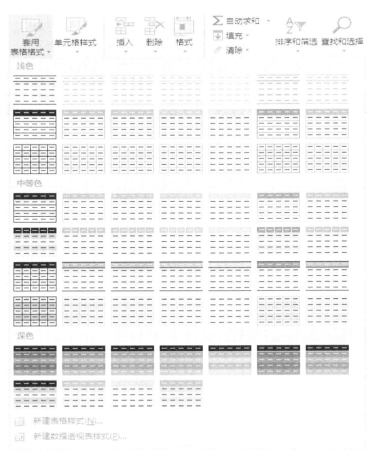

图 4.20　套用表格样式

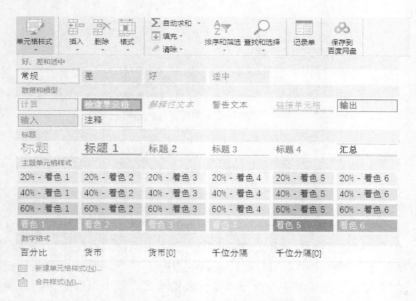

图 4.21　单元格样式

4.1.1.4　打印输出

为了打印出来的表格整洁、美观，页面设置是打印文件之前很重要的操作。通过改变"页面设置"对话框中的选项，可以控制打印工作表的外观或版面。工作表既可以纵向打印也可以横向打印，而且可以使用不同大小的纸张。工作表中的数据可以在左右页边距及上下页边距之间居中显示。还可以改变打印页码的顺序以及起始页码。在"页面布局"选项卡的"页面设置"功能区中可以找到相关设置项，如图 4.22 所示。可单击相应的设置项按钮进行设置，其中"页边距""纸张方向""纸张大小"这些设置跟 Word 类似。

有时，如果只需要打印 Excel 工作表中某些区域的内容，而不需要打印整篇文档，此时可以设置打印区域，具体方法是：先在文档中选中需要打印的区域，然后单击"打印区域"按钮，打印区域设置完毕。

当打印的表格超过一页时，如果希望在除了第一页以外其他页表格也有如第一页的标题行，则需要设置打印标题。例如，设置如图 4.23 所示的打印标题，则单击"页面布局"选项卡下的"打印标题"按钮，打开"页面设置"对话框，在"工作表"项中设置"顶端标题行"。还可以为打印区域添加分隔符，这样在添加分隔符的位置打印时分页。

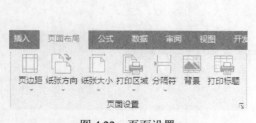

图 4.22　页面设置

图 4.23　设置打印标题

页眉与页脚是文档中每个页面中上、下边距用于存储和显示文本、图形的信息区，常用于存放文件名、页码等，也可以添加水印效果或添加企业标志等。但在普通视图中是看不到页眉页脚的内容的，可以切换到布局视图或打印预览查看页眉页脚。

在 Excel 2016 中插入页眉或页脚的方法有多种，如利用"插入"选项卡的"文本"功能区中的"页眉和页脚"按钮来实现，也可以直接切换至"页面布局"视图中，单击页眉或页脚编辑区域进行设置。利用"页眉和页脚"按钮插入页眉和页脚的具体操作步骤如下：

① 单击"插入"选项卡"文本"功能区中的"页眉和页脚"按钮。

② 此时，进入"页面布局"视图，并显示"页眉和页脚工具"的"设计"选项卡，然后可激活页眉的左、中、右三个区域分别进行编辑。若要退出页眉和页脚设计视图，可以单击"视图"选项卡下"工作簿视图"组中的"普通"按钮。

③ 插入"页眉和页脚元素"。单击"页眉和页脚工具"的"设计"选项卡"页眉和页脚元素"功能区中的元素实现相应元素插入，如用户需要将工作簿的文件名插入页眉中，可以单击其中的"文件名"按钮，则在页眉区中显示"&[文件]"字样，当然也可以自行编辑相关内容，如图 4.24 所示。

图 4.24　页眉和页脚元素

④ 转至页脚进行编辑。若用户需要编辑页脚，可单击"页眉和页脚工具"的"设计"选项卡"导航"组中的"转至页脚"按钮进入页脚编辑区域，然后与以上叙述的页眉编辑类似，可以在"页眉和页脚元素"中选择需要插入的元素单击插入，如在该组中单击"页码"按钮，则实现页码的插入。

单击"文件"选项卡下的"打印"按钮，可进行打印前的进一步设置，操作与 Word 中打印功能类似。

4.1.2　公式和函数的使用

4.1.2.1　公式的使用

Excel 之所以具备如此强大的数据分析与处理功能，公式（包括函数）起了非常重要的作用。一般把"公式"列为不同于"数值"和"文本"之外的第三种数据类型。公式的共同特点是以"="号开头，它可以是简单的数学式，也可以是包含各种 Excel 函数的式子。输入到单元格中的公式均由等号开头，等号后面由如下五种元素组成。

① 运算符：例如"+"或者"*"号等，如表 4.2 所示。

② 单元格引用：它包括单个的单元格或多个单元格组成的范围，以及命名的单元格区域。这些单元格或范围可以是同一工作表中的，也可以是同一工作簿其他工作表中的，甚至是其他工作簿工作表中的。

③ 数值或文本：常用的两种数据类型，例如："100"或"学生姓名"。

④ 工作表函数：可以是 Excel 内置的函数，如 SUM 或 MAX，也可以是自定义的函数。

⑤ 括号：即"（"和"）"，它们用来控制公式中各表达式被处理的优先权。

简单地说，建立一个公式，提供给它相关的数据信息，目的是希望公式给一个答案或计算结果。从这一点上看，Excel 公式和在数学中学过的公式的功能是一样的。在实际应用中，公式可以解决的问题非常多，它和函数结合在一起，极大地提升了 Excel 对数据的分析与处理能力。

表 4.2　运算符

运算符名称	表示形式
算术运算符	加（+）、减（−）、乘（*）、除（/）、方幂（^）和百分比（%）
关系运算符	等于（=）、大于（>）、小于（<）、大于等于（>=）、小于等于（<=）和不等于（<>）
文字连接符	“&”
引用运算符	冒号（:）、逗号（,）、空格

Excel 运算符主要分为四类，其中文字连接符“&”可以将一个或多个文本连接成一个组合文本，如“North”&“west”产生“Northwest”，引用运算符中的冒号为区域运算符，如 A2:C4 表示引用以 A2 为左上角、以 C4 为右下角的单元格矩形区域，逗号为联合运算符，如“A02:B2,B4:C5”表示引用 A2:B2 和 B4:C5 区域。运算符的优先级别是先算术运算，后文本运算，最后比较运算，可用括号改变优先级。

输入公式时，首先确定要输入公式的单元格，然后输入等号“=”以激活编辑栏，在输入公式的过程中，使用运算符来分隔公式中各项，在公式中不能包含空格，输入完成后按回车键。Excel 将公式存储在系统内部，显示在编辑栏中，在包含该公式的单元格中显示计算结果。公式还可以进行自动填充，例如，按住 F2 单元格的填充柄就可以将 F3、F4 填充上相同的公式，并且引用的单元格自动发生变化从而得出正确结果，如图 4.25 所示。

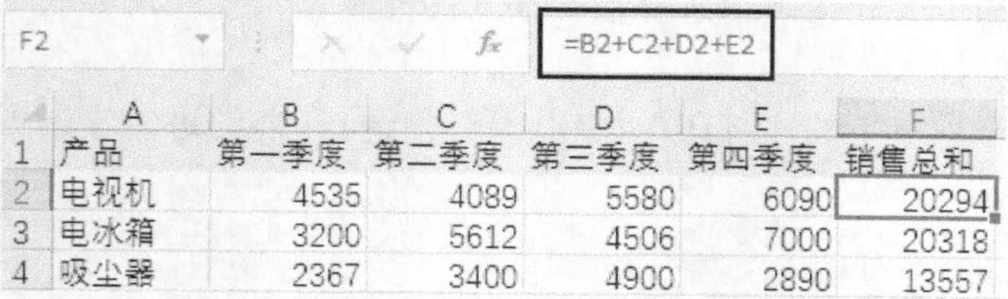

	A	B	C	D	E	F
1	产品	第一季度	第二季度	第三季度	第四季度	销售总和
2	电视机	4535	4089	5580	6090	20294
3	电冰箱	3200	5612	4506	7000	20318
4	吸尘器	2367	3400	4900	2890	13557

图 4.25　公式的输入

4.1.2.2　单元格的引用

单元格引用的作用在于标识工作表上的单元格或单元格区域，并指明公式中所使用的数据的位置。通过引用，可以在公式中使用工作表不同部分的数据，或者在多个公式中使用同一单元格的数值。还可以引用同一工作簿不同工作表的单元格、不同工作簿的单元格甚至其他应用程序中的数据。单元格的引用分为三种类型：相对引用、绝对引用、混合引用。三种方式切换的快捷键为最上一排的功能键“F4”（部分新出的笔记本电脑要按“Fn+F4”）。

① 相对引用：公式中的相对单元格引用(例如 A1)是基于包含公式和单元格引用的单元格的相对位置。如果公式所在单元格的位置改变，引用也随之改变。如果多行或多列地复制公式，引用会自动调整。默认情况下，新公式使用相对引用。例如，如果将单元格 B2 中的相对引用复制到单元格 B3，将自动从“=A1”调整到“=A2”。

② 绝对引用：单元格中的绝对单元格引用（例如$F$6）总是在指定位置引用单元格（F6）。如果公式所在单元格的位置改变，绝对引用的单元格始终保持不变。如果多行或多列地复制公式，绝对引用将不作调整。默认情况下，新公式使用相对引用，需要将它们转换为绝对引用。

例如，如果将单元格 B2 中的绝对引用复制到单元格 B3，则在两个单元格中一样，都是$F$6。

③ 混合引用：混合引用具有绝对列和相对行，或是绝对行和相对列。绝对引用列采用$A1、$B1 等形式。如果公式所在单元格的位置改变，则相对引用改变，而绝对引用不变。如果多行或多列地复制公式，相对引用自动调整，而绝对引用不作调整。例如，如果将一个混合引用从 A2 复制到 B3，它将从"=A$1"调整到"=B$1"。

举例：制作一个九九乘法表，具体操作如下。利用单元格 B2 的公式复制到其他 9×9 单元格中，使用相对引用和绝对引用都行不通，使用混合引用可达到效果。观察哪些位置需要作为相对引用，哪些位置需要作为绝对引用。如果希望第一个乘数的最左列不动($A)，而行跟着变动，第二个乘数的最上行不动（$1），而列跟着变动，因此 B2 的公式应该改为"=$A2*B$1"，然后选中 B2 单元格进行自动填充，先横向拖动至 I2 单元格，再竖向拖动至 I9 单元格，结果如图 4.26 所示。

B2			fx	=$A2*B$1				
	A	B	C	D	E	F	G	H	I
1	1	2	3	4	5	6	7	8	9
2	2	4	6	8	10	12	14	16	18
3	3	6	9	12	15	18	21	24	27
4	4	8	12	16	20	24	28	32	36
5	5	10	15	20	25	30	35	40	45
6	6	12	18	24	30	36	42	48	54
7	7	14	21	28	35	42	49	56	63
8	8	16	24	32	40	48	56	64	72
9	9	18	27	36	45	54	63	72	81

图 4.26　九九乘法表

4.1.2.3　单元格名称

在 Excel 中，为了对数据进行各种各样的计算，不可避免地使用到单元格或区域的引用，这就涉及地址的名称和标志等问题。为了更加直观地标识单元格或单元格区域，我们可以给它们赋予一个名称，从而在公式或函数中直接引用。例如"F2:F46"区域存放着学生的外语成绩，求解平均分的公式一般是"=Average（F2:F46）"。在给"F2:F46"区域命名为"外语成绩"以后，该公式就可以变为"=Average（外语成绩）"，从而使公式变得更加直观。

给一个单元格或区域命名的方法是：选中要命名的单元格或区域，鼠标单击编辑栏顶端的"名称框"，在其中输入名称后回车。也可以选中要命名的单元格或区域，单击"公式"菜单，在"定义的名称"选项卡中单击"定义名称"，打开"定义名称"对话框，输入想要定义的名称后单击"确定"即可。如果要删除已经命名的区域，可以按相同方法打开"定义名称"对话框，选中要删除的名称点删除即可，具体操作如图 4.27 所示。

4.1.2.4　插入函数

在 Excel 中，函数实际上是一个预先定义的特定计算公式。按照这个特定的计算公式对一个或多个参数进行计算，并得出一个或多个计算结果，叫作函数值。使用这些函数不仅可

图 4.27　定义名称

以完成许多复杂的计算，而且可以简化公式的繁杂程度。函数是系统预先编制好的用于数值计算和数据处理的公式，使用函数可以简化或缩短工作表中的公式，使数据处理简单方便。

函数应输入在单元格的公式中，函数名后面的括号中是函数的参数，括号前后不能有空格。参数可以是数字、文字、逻辑值、数组或者单元格的引用，也可以是常量或者公式，指定的参数必须能产生有效值。函数中还可包含其他函数，即函数的嵌套使用。

函数的语法形式为：函数名称（参数 1，参数 2，…）

函数的输入方式同公式输入的操作相同，可以在编辑栏中直接输入函数。例如，在单元格中输入"＝sum(B1:E1)"。也可以单击编辑栏左侧的"f_x"图标插入函数，还可以打开"公式"选项卡插入函数，其中的"函数库"组中函数按用途分类，可以找到需要的函数插入并设置相关参数。

（1）插入函数的步骤与方法

① 选中要插入函数的目标单元格，如图 4.28 所示。

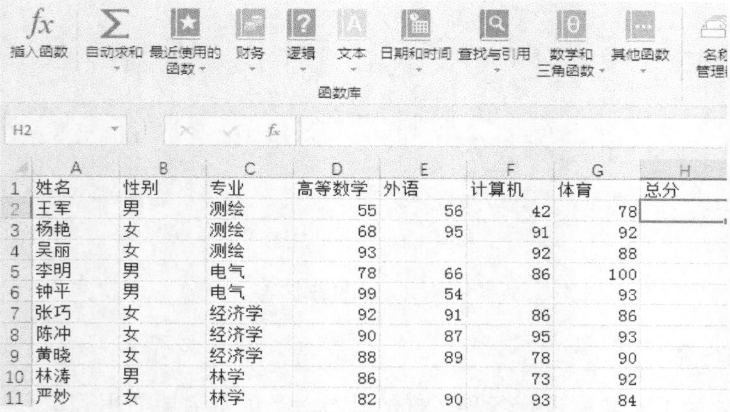

图 4.28　选中要插入函数的单元格

② 切换至"公式"选项卡插入函数，如图 4.29 所示。

图 4.29　选择要插入的函数

③ 选择函数类别，找到相关函数，插入函数并设置参数，以 SUM 求和函数为例。进入"函数参数"设置对话框，可以在文本框中直接输入参与求和运算的单元格或单元格区域的地址，如 B3:D3，也可以单击文本框右侧的单元格引用按钮，在文档中通过鼠标框选待累加的单元格，如图 4.30 和图 4.31 所示。

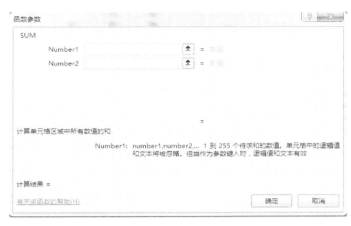

图 4.30　参数设置

图 4.31　选中需计算的单元格

④ 自动填充公式，选中需要自动填充的单元格 H2，鼠标放在右下角变成黑色十字的填充柄，按住鼠标左键向下拖动至 H11，这样所有拖动的单元格都自动填充了相同的函数 SUM，而且引用的单元格也随着拖动自动发生变化，如图 4.32 所示。

姓名	性别	专业	高等数学	外语	计算机	体育	总分
王军	男	测绘	55	56	42	78	231
杨艳	女	测绘	68	95	91	92	346
吴丽	女	测绘	93		92	88	273
李明	男	电气	78	66	86	100	330
钟平	男	电气	99	54		93	246
张巧	女	经济学	92	91	86	86	355
陈冲	女	经济学	90	87	95	93	365
黄晓	女	经济学	88	89	78	90	345
林涛	男	林学	86		73	92	251
严妙	女	林学	82	90	93	84	349

图 4.32　自动填充公式

（2）常用函数介绍

为了满足各种数据处理的要求，Excel 提供了大量函数供用户使用，如财务函数、日期与时间函数、数值与三角函数、统计函数、查找与引用函数、数据库函数、文字函数、逻辑函数、信息函数等。虽然函数有很多，但函数的使用方法都是一致的。本教材只对最常用的几个函数作简要介绍，包括求和（SUM）、求平均值（AVERAGE）、求最大值（MAX）、求最小值（MIN）、求数值排名（RANK）、计数（COUNT）、条件计数（COUNTIF）等。可选中相应函数在"插入函数"对话框下方看到函数的使用格式及含义，函数参数设置方法跟上述 SUM 函数的设置方法基本相同。

① 逻辑函数 IF　逻辑函数中最常用的就是 IF 函数，其语法形式为：

IF(logical_test,value_if_true,value_if_false)

如果第一个参数的值为真，则 IF 函数返回第二个参数的值，否则返回第三个参数的值。例如，考核得分的标准为 9 分，要判断 B 列的考核成绩是否合格。在 C4 单元格插入函数：=IF(B4>=9,"合格","不合格")，如图 4.33 所示。

② COUNTIF 函数　COUNTIF 函数的功能是统计某个区域中满足给定条件的单元格数目。语法形式：COUNTIF（Range，Criteria）

其中，Range 表示统计的区域，Criteria 表示统计的条件，即统计在 Range 区域中满足条件 Criteria 的个数，需要注意的是 COUNTIF 函数只对包含数字的单元格计数。

例如：要统计指定店铺的业务笔数。也就是统计 B 列中有多少个指定的店铺名称。在 F3 单元格插入函数：=COUNTIF(B2:B12,E3)，如图 4.34 所示。

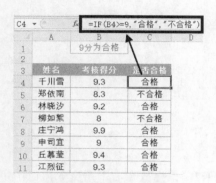

图 4.33　IF 函数的使用

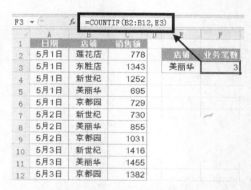

图 4.34　统计函数的使用

③ RANK 函数　RANK 函数的功能是返回一列数字的数字排位。数字的排位是相对于列表中其他值的大小。语法形式：RANK(Number,Ref,[Order])

Number：要找到其排位的数字。Ref：数字列表的数组，对数字列表的引用，一般为绝对引用。Order：一个指定数字排位方式的数字，如果为 0 或省略，则按照降序排列，如果不为 0，则按照升序排列。例如，求每个省份的 GDP 排名，如图 4.35 所示。

D2		f_x	=RANK(C2,$C$2:$C$11,0)	
	A	B	C	D	E
1	省份	GDP（亿元）	GDP增速	GDP增速排名	
2	广东	110760.94	0.023	7	
3	江苏	102700	0.037	3	
4	山东	73129	0.036	4	
5	浙江	64613	0.036	4	
6	河南	54997.07	0.013	9	
7	四川	48598.8	0.038	1	
8	福建	43903.89	0.033	6	
9	湖北	43443.46	-0.05	10	
10	湖南	41781.49	0.038	1	
11	上海	38700.58	0.017	8	
12					

图 4.35　RANK 函数的使用

4.1.3　数据的图表化

这个世界是丰富多彩的，几乎所有的知识都来自于视觉。我们也许无法记住一连串的数字，以及它们之间的关系和趋势，但是可以很轻松地记住一幅图画或者一个曲线。因此通过使用图表，会使得用 Excel 编制的工作表更易于理解和交流。在 Excel 中图表是指将工作表中的数据用图形表示出来。图表可以使数据更加有趣、吸引人、易于阅读和评价。它们也可以帮助我们分析和比较数据。Excel 提供了强大的图表功能，可以在工作表中插入各种类型的图表，图表由各图表要素组成，如图 4.36 所示。

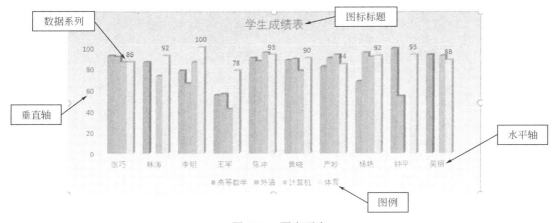

图 4.36　图表要素

（1）创建图表

① 选中需要创建图表的源数据区域，不连续区域的选择可以配合使用"Ctrl"键和鼠标使用。以学生成绩表为例，选择姓名、高等数学、外语三列生成图表。

② 单击"插入"选项卡"图表"功能区中"推荐的图表"，打开"插入图表"对话框，其中"推荐的图表"选项卡下，系统提供了针对所选数据最合适的某些图表类型，如"簇状柱形图"，也可以单击"所有图表"选项卡，打开 Excel 提供的所有图表类型，选择插入或更改为相应的图表类型，这样一个基本的图表就插入工作表了。与此同时，在窗体上方出现了"图表工具"选项卡，该选项卡下又分为"设计""布局"两个选项卡，可以对图表做进一步的编辑和格式设置，以下分别对这两个选项卡进行介绍。

（2）图表设计

① 在"设计"选项卡"类型"功能区中，单击"更改图表类型"按钮可以对现有图表类型重新定义。

② 在"设计"选项卡"数据"功能区中，单击"切换行/列"按钮可实现图表行列数据的切换，单击"选择数据"按钮打开"选择数据源"对话框，可以对图表数据做如下操作。

　　a．进行"添加""编辑""删除"操作。以添加操作为例，如添加计算机列数据到现有图表中。先打开"选择数据源"对话框，单击"添加"按钮，打开"编辑数据系列"对话框，单击该对话框中"系列名称"项文本框旁边的引用按钮，在源数据表中选中内容为"计算机"的单元格，单击"系列值"项文本框旁的引用按钮，在源数据表中用鼠标拖动框选需要添加到图表中的计算机一列的相关数据，确定回到"选择数据源"对话框可以看到计算机列已添加，单击该对话框中"水平（分类）轴标签"下的"编辑"按钮，可打开"轴标签"对话框实现对轴标签区域的编辑，在这里选择源数据区域中姓名列相应的人名。操作步骤如图 4.37～图 4.39 所示。当然我们可以选中某一系列对其进行编辑或删除操作，操作与添加操作雷同。

  b. 改变系列次序。在"选择数据源"对话框中，选中需要调整次序的列，单击"删除"按钮旁的上箭头或下箭头实现系列的左移或右移，从而改变各个系列的排列次序，如图 4.37 所示。

图 4.37 "选择数据源"对话框

图 4.38 编辑数据系列

图 4.39 轴标签编辑

  ③ 在"设计"选项卡"图表布局"功能区中，可选择"快速布局"中系统已经定义好的布局方式，每个布局对各个图表要素进行了统一的安排，如图表标题的显示位置、图例所在的位置、坐标轴标题位置等。在此功能区中，单击"添加图表元素"可实现图表要素的添加、删除及位置的设置，如图 4.40 所示。当然也可以通过单击已插入的图表右侧的"+"号添加图表元素，如图 4.41 所示。例如，为垂直轴添加如图 4.42 所示标题，可依次单击"添加图表元素""轴标题""主要纵坐标轴（V）"，改变坐标轴标题即可实现该效果。如果需要为纵坐标轴标题效果做进一步的格式设置，可以单击图表右侧的"+"号，选择"坐标轴标题"→"更多选项"打开如图 4.43 所示的窗口做进一步格式设置。例如，为系列显示相应的值，则首先选中需要添加数据标签的系列，单击"添加图表元素|数据标签"，进一步选择标签显示的位置，如图 4.42 所示分数的显示。若想删除某一项要素，如删除图表标题，可依次单击"添加图表元素｜图表标题｜无"实现该功能。

  ④ 在"设计"选项卡"图表样式"功能区中，可选择系统已经定义好的样式应用。

  ⑤ 在"设计"选项卡"位置"功能区中，单击"移动图表"可改变图表位置。

  ⑥ 在"设计"选项卡的"类型"功能区中，单击"更改图表类型"可对现有图表类型进行修改。

图 4.40　图表元素的添加方法（1）　　　图 4.41　图表元素的添加方法（2）

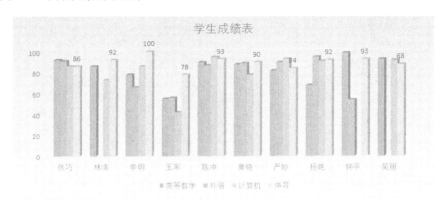

图 4.42　图表样例

（3）图表格式化

设置各图表要素格式可以在图表中选中相应的图表要素，在其右键菜单中找到设置格式的菜单项，打开格式设置窗口（见图 4.44）进行详细的格式设置，也可以通过"格式"选项卡进行操作，下面对"格式"选项卡操作方式做详细的说明。

图 4.43　"设置坐标轴标题格式"　　　　图 4.44　图表格式设置
　　　　对话框

在"格式"选项卡中的"当前所选内容"功能区中，在下拉框中选中要操作的图表要素，然后单击"设置所选内容格式"，打开图 4.45 所示的对话框进行格式的详尽设置，也可以在该选项卡的其他功能区中找到一些系统预先定义好的样式直接应用，这样更加直观便捷。

① 在"格式"选项卡"形状样式"组中，可对选中的图表要素应用系统定义好的样式，还可以对"形状填充""形状轮廓""形状效果"进行设置（见图 4.44）。在"形状填充"中，可选择相应颜色填充，设置颜色渐变效果，选择插入图片，选择纹理效果。在"形状效果"里可做更美观的视觉效果，如设置"发光"效果。

② 在"格式"选项卡"艺术字样式"组中，可对选中的图表要素中的文字应用系统已定义好的艺术字样式（见图 4.46）。

图 4.45　图表标题格式设置

图 4.46　艺术字样式

图 4.47　图表大小调整

③ 在"格式"选项卡"大小"组中，可对图表的高度和宽度做定量调整（见图 4.47）。

（4）迷你图

迷你图主要用于在数据表内对数据变化趋势进行标识。尽管 Excel 并没有强制性要求将迷你图单元格直接置于其基础数据紧邻的单元格中，但这样做能达到最佳效果，方便用户快速查看迷你图与其数据源之间的关系。而且，当源数据发生更改时，也方便查看迷你图中做出的相应变化。

迷你图与 Excel 工作表中的传统图表最大的不同，是传统图表是嵌入在工作表中的一个图形对象，而迷你图并非对象，它实际上是在单元格背景中显示的微型图表。由于迷你图是一个嵌入在单元格中的微型图表，因此，可以在使用迷你图的单元格中输入文字，让迷你图作为其背景，或者为该单元格设置填充颜色。迷你图相比于传统图表最大的优势在于，其可以像填充公式一样方便地创建一组相似的图表。迷你图的整个图形比较简洁，没有纵坐标轴、图表标题、图例、数据标签、网格线等图表元素，主要用数据系列体现数据的变化趋势或者数据对比。迷你图主要有三种类型：折线图、柱形图、盈亏图。

例如，使用迷你图分别反映三种产品的销售趋势，如图 4.48 所示。操作步骤：选中要插入迷你图的单元格 F2，在"插入"选项卡的"迷你图"功能区中选择一种迷你图类型，单击插入迷你图，如选择"折线图"，弹出"创建迷你图"对话框，在"数据范围"中选择绘制迷你图的数据 B2:E2，然后单击"确定"。同时产生了"迷你图工具"的"设计"选项卡，如图 4.49 所示，在该选项卡中可对已有迷你图进行数据编辑和进一步的格式设置，单击该选项卡"分组"功能区中的"清除"按钮可清除迷你图。另外，迷你图可以像公式函数一样进行自动填充，按住 F2 单元格的填充柄，将其拖动到 F3、F4 单元格，这样在 F3、F4 单元格就同样也生成了两个折线迷你图。

图 4.48　插入迷你图

图 4.49　迷你图设计

4.1.4　数据的分析与管理

4.1.4.1　数据排序

排序是指根据存储在表格中的数据种类，将数据按一定的方式（排序规则）重新排列，主要包括简单排序、多条件排序、自定义排序三种类型。在"数据"选项卡中的"排序和筛选"组内可找到相应设置。

（1）简单排序

简单排序是指在排序时设置单一的排序条件，将工作表中的数据按照指定的某一种数据类型进行重新排序，具体操作步骤：在待排序的数据列中选中其中某一单元格数据，单击"数据"选项卡中"排序和筛选"组中的升序或降序排序按钮，就可以实现排序。如图 4.50 所示，可以实现按专业的升序排列。

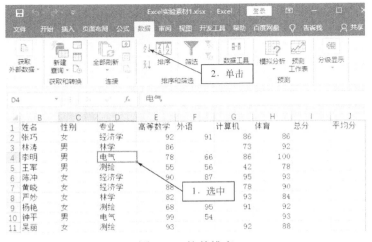

图 4.50　简单排序

（2）多条件排序

在打开的排序对话框中，可以设置任意多个排序条件来实现复杂排序。例如：对表格数据按专业升序排序（按字母排序），在专业相同的情况下按高等数学成绩降序排序。

① 选中待排序的数据区域，打开"排序"对话框。

② 设置排序条件。勾选"数据包含标题"，则所选数据区域中的标题会加载到条件的"主要关键字"中，在"主要关键字"中选择"专业"，在"次序"中选择"升序"。单击"选项"可设置排序选项，在方法中选中"字母排序"。单击"添加条件"可以设置次要关键字，操作步骤如图 4.51 所示。

图 4.51　高级排序

（3）自定义排序

用户在对表格数据进行排序时，还可以根据需要自定义排序序列，对指定字段列按照自定义序列进行排序。例如：选中待排序数据区域，打开"数据"选项卡下的"排序和筛选"组中的"排序"对话框，设置排序条件，将数据按专业排序，排序次序定义为"经济学、林学、电气、测绘"，点击"确定"后会数据就会按照指定的专业顺序进行排序，操作步骤如图 4.52 所示。

图 4.52　自定义排序

4.1.4.2　数据筛选

通过筛选工作表中的信息，可以快速找到需要的值。可以对一个或多个列数据进行筛选。使用筛选，不仅可以控制想要查看的内容，还可以控制想要排除的内容。可以基于从列表中所做的选择进行筛选，或者可以创建特定的筛选器来精确定位想要查看的数据。数据筛选主要包括自动筛选、自定义筛选、高级筛选三种。

（1）自动筛选

自动筛选是指在工作表中启动筛选器，然后根据筛选条件单击筛选条件字段右侧的筛选器按钮，在展开的下拉列表中设置筛选条件，即可快速筛选出符合条件的数据，操作步骤：选中数据区域中任意单元格，单击"数据"选项卡"排序和筛选"组中"筛选"按钮，接下来设置筛选条件，如要只显示"经济学"专业的学生信息，可以在筛选的下拉菜单中取消"全选"，只选择"经济学"专业；如要显示"高等数学成绩大于 80 分的学生信息"，则可以选择筛选菜单中的"数字筛选"，再选择"大于"，输入 80 即可，具体过程如图 4.53 所示。

图 4.53　自动筛选

若要取消某一筛选条件，可按照与设置筛选条件相同的操作方法打开相应筛选器，在其中找到"从…中清除筛选"这一项取消条件，若取消所有的筛选，退出筛选状态，在"排序和筛选"组中再单击一次"筛选"按钮即可。

（2）自定义筛选

在设置筛选条件时，若菜单中给出的筛选方式不足以表达筛选条件，可以看看通过设置"自定义筛选"可否完成筛选条件的设置。自定义筛选可以针对同一字段同时设置两个筛选条件，两个条件之间可以是"与"的关系，也可以是"或"的关系。例如，要筛选出高等数学成绩大于90或者小于60的学生记录，单击"自定义筛选"按钮，在弹出的对话框中输入筛选条件：小于60、或、大于90，如图4.54所示。

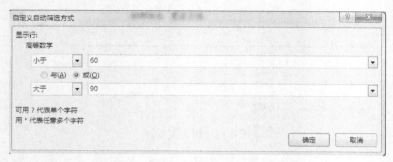

图4.54　自定义筛选

（3）高级筛选

高级筛选主要用于筛选条件比较复杂的情况，尤其当不同字段的筛选条件之间是"或"关系时，只能使用高级筛选才可以，自动筛选中不同字段的筛选条件只能是"与"的关系。高级筛选可以将筛选的结果显示在原数据区域，也可以复制到指定的目标区域。在执行高级筛选前必须在工作表中无数据的地方指定一个区域用以存放筛选条件，这个区域称为条件区域。例如，筛选条件是"专业是经济学或者高等数学成绩小于70"，则按如下步骤设置。

① 设置条件区域，条件区域的首行必须与原表的首行字段名字一致，列之间表示与关系，行之间表示或关系，如图4.55所示。

图4.55　高级筛选

② 单击"排序和筛选"组中的"高级"按钮，打开"高级筛选"对话框，可选择筛选结果显示的方式，可选"将筛选结果复制到其他位置"，"列表区域"为筛选的目标数据区

域，"条件区域"为前一步骤设置的区域，"复制到"中可设置筛选结果显示的位置，如图 4.55 所示。

4.1.4.3　分类汇总

分类汇总是把数据表中的数据分门别类地统计处理，无须建立公式，Excel 会自动对各类别的数据进行求和、求平均值、统计个数、求最大值（最小值）和总体方差等多种计算，并且分级显示汇总的结果，从而增加了 Excel 工作表的可读性，这样能更快捷地获得需要的数据并作出判断。分类汇总包括简单分类汇总和嵌套分类汇总。

（1）简单分类汇总

简单分类汇总指对数据表中的某一列以一种汇总方式进行分类汇总。例如：要求统计各个专业高等数学课程的平均成绩，步骤如下：

① 在汇总之前选中需要汇总的数据区域，按汇总字段（专业）对数据进行排序。

② 单击"数据"选项卡下的"分级显示"功能区中的"分类汇总"按钮，打开"分类汇总"对话框，其中"分类字段"选"专业"，"汇总方式"选"平均值"，"选定汇总项"选中"高等数学"，如图 4.56 所示。

（2）嵌套分类汇总

嵌套分类汇总是对工作表中的两列或者两列以上的数据进行的分类汇总。例如，在以上所做分类汇总的结果上再做一次分别统计各专业男生女生体育成绩平均值的汇总，则

图 4.56　简单分类汇总

在分类汇总对话框中做如图 4.57 所示的设置，需要注意的是取消对话框中"替换当前分类汇总"的状态，否则本次汇总会把上一次所做汇总替换掉。若要删除分类汇总，则应重新打开"分类汇总"对话框，单击"全部删除"。该嵌套汇总实现了按照专业和性别两个字段进行分类，再对高等数学和体育两个字段分别进行数据汇总计算，结果如图 4.57 所示。

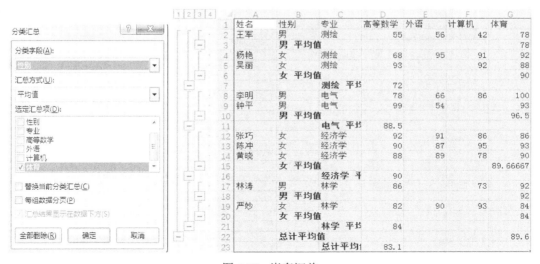

图 4.57　嵌套汇总

131

4.1.4.4　数据透视表

数据透视表是一种交互式的、交叉制表的 Excel 报表，其最大的特点是交互性。创建一个数据透视表后可以重新排列数据信息，还可以根据需要将数据分组。之所以称为数据透视表，是因为可以动态地改变它们的版面布置，以便按照不同方式分析数据，也可以重新安排行标、列标和页字段。每一次改变版面布置时，数据透视表会立即按照新的布置重新计算数据。另外，如果原始数据发生更改，则可以更新数据透视表。

例如，要统计各专业男女生的人数，既要按"专业"分类，又要按"性别"分类，可利用数据透视表来分别进行统计，步骤如下：

① 选择"插入"选项卡中的"表格"功能区中的"数据透视表"实现数据透视表的插入，进入创建透视表向导操作，首先选择分析的源数据和目标位置。

② 选择要添加到报表的字段。在 Excel 窗口右侧找到名为"数据透视表字段"的窗口，选中相应字段，在右键菜单中设置其在透视表中的位置。在本例中，选中"性别"，单击鼠标右键，在菜单中选择"添加到列标签"。选中"专业"，单击鼠标右键，在菜单中选择"添加到行标签"。选中"姓名"，单击鼠标右键，在菜单中选"添加到数值"，在该窗口下方显示了所作设置并可对设置再做调整。例如，单击该例中"值"项中的"计数项：姓名"右侧箭头，在弹出的菜单中选择"值字段设置…"，在打开的"值字段设置"对话框中可以修改汇总方式，在这里选"计数"，如图 4.58 所示。选中透视表区域，单击"开始"选项卡的"单元格"组中的"删除"按钮，可删除透视表。

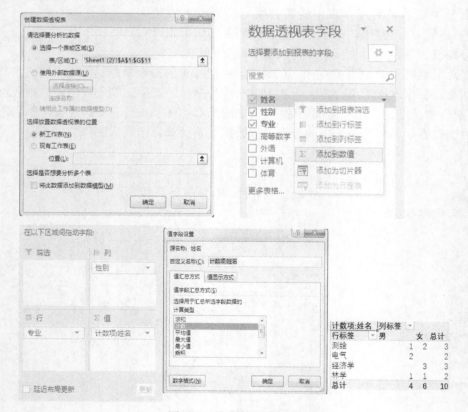

图 4.58　生成数据透视表

4.2　实验内容

本节包含两个实验，主要完成 Excel 的综合练习。通过这两个实验，掌握 Excel 中的基本操作、公式和函数的使用、图表的创建、数据的分析与管理等。

4.2.1　实验 1：学生成绩表

4.2.1.1　操作要求

针对素材完成以下操作。

① 将 Excel 素材工作簿中的工作表 Sheet1 的名字改为"学生成绩表"，工作表标签颜色改为"标准红色"。之后 2～12 题目的操作结果如图 4.59 所示。

学生成绩表

学号	姓名	性别	专业	高等数学	外语	计算机	体育	总分	平均分	成绩排名	是否及格
2020210110	张巧	女	经济学	92	91	86	86	355	88.75	3	及格
2020210111	林涛	男	林学	86		73	92	251	83.67	7	及格
2020210112	李明	男	电气	78	66	86	100	330	82.50	8	及格
2020210113	王军	男	测绘	55	56	42	78	231	57.75	10	不及格
2020210114	陈冲	女	经济学	90	87	95	93	365	91.25	1	及格
2020210115	黄晓	女	经济学	88	89	78	90	345	86.25	6	及格
2020210116	严妙	女	林学	82	90	93	84	349	87.25	4	及格
2020210117	杨艳	女	测绘	68	95	91		346	86.50	5	及格
2020210118	钟平	男	电气	99	54		93	246	82.00	9	及格
2020210119	吴丽	女	测绘			92	88	273	91.00	2	及格
最高分				99	95	95	100				
最低分				55	54	42	78				
考试人数				10	8	9	10				
优秀率				40.00%	37.50%	44.44%	60.00%				

图 4.59　学生成绩表样张

② 在原第一行之上插入一行作为标题行，合并 A1:L1 单元格，输入文字"学生成绩表"，并设置字体为"微软雅黑"、字号 20、水平垂直都居中对齐。

③ 在第 1 列 A3:A12 单元格输入学号：2020210110、2020210111、2020210112、…，并将其设置成文本格式。

④ 依次合并 A13:D13、A14:D14、A15:D15、A16:D16 单元格，保留 D 列的文字并居中对齐。

⑤ 为性别列设置数据验证条件为"序列"类型，取值为"男"和"女"；为体育列数据添加数据验证条件：0～100 之间的小数。

⑥ 利用内置函数 SUM 和 AVERAGE 分别计算总分和平均分，并设置平均分显示时只有两位小数。

⑦ 根据平均分求出每个学生的成绩排名（提示：RANK 函数）；根据平均分显示该学生是否及格，如果平均分大于等于 60，显示"及格"，否则显示"不及格"（提示：IF 函数）。

⑧ 分别求出 4 门课程的最高分和最低分，填在 E13:H13、E14:H14 单元格中（提示：MAX、MIN 函数）。

⑨ 统计每门课程的考试人数，填在相应单元格中（提示：COUNT 函数）；每门课程成绩大于等于 90 分以上为优秀，分别统计每门课程的优秀率，结果以"%"显示，并保留两位小数（提示：优秀率=优秀人数/考试人数，使用 COUNTIF 函数统计优秀人数）。

⑩ 为总分列设置条件格式，使总分排前三名的单元格以浅红色填充；为是否及格列设置条件格式，使不及格的单元格以红色填充、文字颜色为白色。

⑪ 为标题行的合并单元格设置图案颜色为浅绿色、水平条纹的填充；为整个表格添加边框线，外框线为蓝色粗实线，内框线为蓝色细虚线。

⑫ 将标题行的行高设置为 40，其他行的行高为 20，所有列为"自动调整列宽"。

⑬ 用姓名列和四科成绩列做一个三维簇状柱形图表，将图表置于 A20:K35 单元格内，图表标题为"学生成绩表"，数值轴主要刻度单位改为 10，图表区以某一种颜色填充，颜色任选，为体育系列添加数据标签，结果样张如图 4.60 所示。

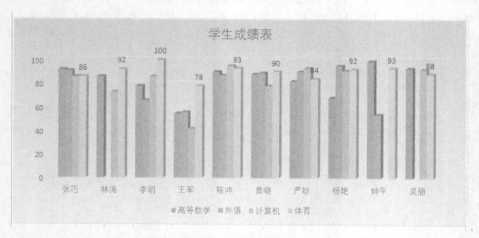

图 4.60　图表 1 样张

⑭ 用姓名列和平均分列生成一个带数据标记的折线图，放置在上一题图表的右侧，数值轴主要刻度单位改为 10，最小值为 50，最大值为 100，添加位于上方的数据标签，为图表应用样式 11，结果样张如图 4.61 所示。

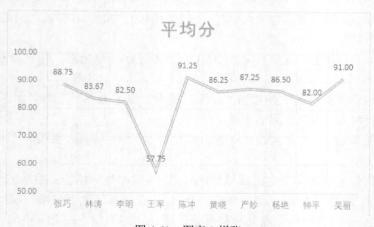

图 4.61　图表 2 样张

⑮ 将原表 A2:J12 区域的单元格不带任何格式地复制粘贴到 A40 开始的区域中，在此表中首先按体育成绩升序排列，体育成绩相同时按高等数学成绩降序排列。筛选出性别为"女"、总分大于 300 的学生记录，结果样张如图 4.62 所示。

学号	姓名	性别	专业	高等数学	外语	计算机	体育	总分	平均分
2020210116	严妙	女	林学	82	90	93	84	349	87.25
2020210110	张巧	女	经济学	92	91	86	86	355	88.75
2020210115	黄晓	女	经济学	88	89	78	90	345	86.25
2020210117	杨艳	女	测绘	68	95	91	92	346	86.5
2020210114	陈冲	女	经济学	90	87	95	93	365	91.25

图 4.62　自动筛选结果

⑯ 将原表 A2:J12 区域的单元格不带任何格式地复制粘贴到 A55 开始的区域中，在此表中进行分类汇总，得到每个专业四门课程的平均分，结果样张如图 4.63 所示。

学号	姓名	性别	专业	高等数学	外语	计算机	体育	总分	平均分
2020210113	王军	男	测绘	55	56	42	78	231	57.75
2020210117	杨艳	女	测绘	68	95	91	92	346	86.5
2020210119	吴丽	女	测绘	93		92	88	273	91
			测绘 平均	72	75.5	75	86		
2020210112	李明	男	电气	78	66	86	100	330	82.5
2020210118	钟平	男	电气	99	54		93	246	82
			电气 平均	88.5	60	86	96.5		
2020210110	张巧	女	经济学	92	91	86	86	355	88.75
2020210114	陈冲	女	经济学	90	87	95	93	365	91.25
2020210115	黄晓	女	经济学	88	89	78	90	345	86.25
			经济学 平均	90	89	86.333	89.667		
2020210111	林涛	男	林学	86		73	92	251	83.667
2020210116	严妙	女	林学	82	90	93	84	349	87.25
			林学 平均	84	90	83	88		
			总计平均	83.1	78.5	81.778	89.6		

图 4.63　分类汇总结果

⑰ 以 A2:L12 为数据源插入一个数据透视表到一个新工作表中，并将新工作表命名为"数据透视表"，数据透视表的布局：行标签为专业，列标签为性别，值字段为高等数学，值字段计算类型为平均值，结果样张如图 4.64 所示。

平均值项:高等数学	列标签		
行标签	男	女	总计
测绘	55	80.5	72
电气	88.5		88.5
经济学		90	90
林学	86	82	84
总计	79.5	85.5	83.1

图 4.64　数据透视表结果

⑱ 对"学生成绩表"工作表进行页面设置：纸张方向为横向，页边距上、下、左、右都为 2，页眉页脚都为 1，自定义页眉"学生成绩表"，居中字号 20，自定义页脚，居右插入页码。

4.2.1.2　操作提示

① 将 Excel 素材工作簿中的工作表 Sheet1 的名字改为"学生成绩表"，工作表标签颜色改为"标准红色"。之后 2～12 题目的操作结果如图 4.59 所示（提示：在 Excel 中所有需要输入的字符，除了汉字以外，都必须在英文输入法状态输入）。

打开素材文件，单击窗口左下角的"Sheet1"，在右键菜单中选择"重命名"，输入"学生成绩表"，再右键单击菜单选择"工作表标签颜色"，在二级菜单中选择"红色"。

② 在原第一行之上插入一行作为标题行，合并 A1:L1 单元格，输入文字"学生成绩表"，并设置字体为"微软雅黑"、字号 20、水平垂直都居中对齐。

选中第一行的任一单元格，在"开始"→"单元格"组中选择"插入工作表行"；选中 A1:L1 单元格，选择"开始"→"对齐方式"→"合并后居中"按钮，在合并后的单元格中输入"学生成绩表",选中该单元格,在"开始"→"字体"菜单中,在字体下拉列表中选择"微软雅黑",在字号下拉列表中选择 20,在"对齐方式"菜单中,选择"水平居中"和"垂直居中"两个按钮。

③ 在第 1 列 A3:A12 单元格输入学号:2020210110、2020210111、2020210112、…,并将其设置成文本格式。

选中 A3 单元格,在其中先输入一个单引号(必须在英文输入状态),再输入学号 2020210110,输入完再次选中 A3 单元格,将鼠标停留在单元格右下角,变成黑色十字框(填充柄)时,按住鼠标左键向下拖动至 A12 单元格(可以在拖动结束的下拉菜单中选择填充类型)。

④ 依次合并 A13:D13、A14:D14、A15:D15、A16:D16 单元格,保留 D 列的文字并居中对齐。

选中 A13:D13 单元格,选择"开始"→"对齐方式"→"合并后居中"按钮,后三组单元格用同样的操作方法。

⑤ 为性别列设置数据验证条件为"序列"类型,取值为男和女;为体育列数据添加数据验证条件:0~100 之间的小数。

选中 C3:C12 单元格,选择"数据"菜单,在"数据工具"→"数据验证"下拉列表中选"数据验证",在弹出的对话框中设置数据验证范围,如图 4.65 所示(提示:男和女之间的逗号必须是在英文状态下输入)。选中 H3:H12 单元格,选择"数据"菜单,在"数据工具"→"数据验证"下拉列表中选"数据验证",在弹出的对话框中设置数据验证范围,如图 4.66 所示。

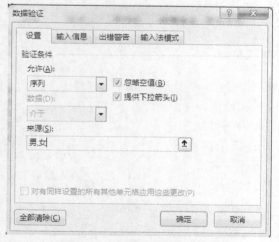
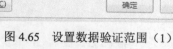

图 4.65　设置数据验证范围(1)

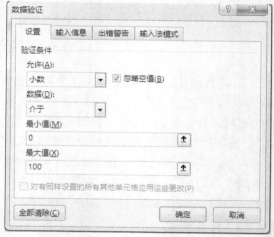

图 4.66　设置数据验证范围(2)

⑥ 利用内置函数 SUM 和 AVERAGE 分别计算总分和平均分,并设置平均分显示时只有两位小数。

选中 I3 单元格,在"公式"菜单中选择"插入函数"按钮,在"常用函数"中选择"SUM"函数,单击"确定"进入"函数参数"设置对话框,参数可以输入,也可以直接在文档中选择,如将光标停在 Number1 后,选择要求和的单元格 E3:H3,单击"确定"即完成计算。求出第一个学生的总分后,其余学生的总分可以通过公式的自动填充求出,选中 I3 单元格,鼠标变成填充柄向下拖动至 I12 单元格(也可以参照 4.1.2 节)。

同样的方法,选中 J3 单元格,插入"AVERAGE"函数,设置参数时注意只选择要求平均值的单元格，不要选中 I3 单元格，求完再自动填充至 J12 单元格。

选中 J3:J12 单元格，单击"开始"→"数字"组右下角的箭头，打开"单元格格式"对话框，选择"数字"→"数值"，将小数位数设为 2，如图 4.67 所示。

图 4.67　设置小数位数

⑦　根据平均分求出每个学生的成绩排名（提示：RANK 函数）；根据平均分显示该学生是否及格，如果平均分大于等于 60，显示"及格"，否则显示"不及格"（提示：IF 函数）。

选中 K3 单元格，插入函数，在"选择类型"中选择"全部"，找到 RANK 函数单击"确定"，如图 4.68 所示，在参数对话框中（如图 4.69 所示）设置相应的参数，其中第二个参数的单元格引用是绝对引用。其余单元格的求值通过自动填充即可。

图 4.68　插入 RANK 函数

图 4.69　RANK 的参数设置

　　选中 L3 单元格，插入函数，在"常用函数"中找到 IF 函数，设置如图 4.70 所示的参数（其中的引号为英文输入法状态输入），求完第一个单元格之后，其余单元格自动填充。

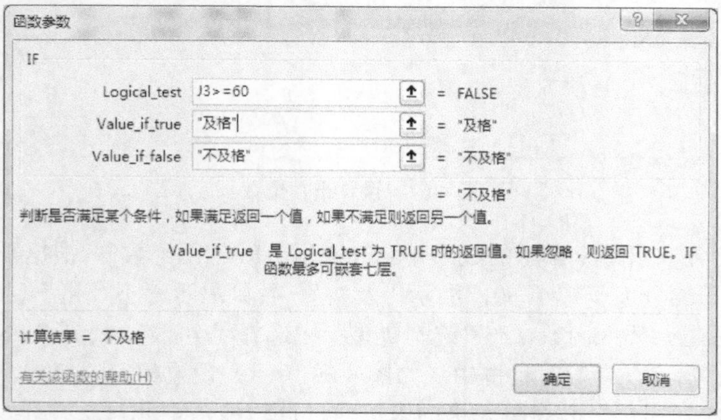

图 4.70　IF 的参数设置

　　⑧ 分别求出 4 门课程的最高分和最低分，填在 E13:H13、E14:H14 单元格中（提示：MAX、MIN 函数）。

　　选中 E13 单元格，插入函数，在"常用函数"中找到 MAX 函数，设置如图 4.71 所示的参数，求完之后横向填充至 H13 单元格。同样的方法，选中 E14 单元格，插入函数，在"统计函数"中找到 MIN 函数，设置和图 4.71 一样的参数，求完之后横向填充至 H14 单元格。

　　⑨ 统计每门课程的考试人数，填在相应单元格中（提示：COUNT 函数）。每门课程成绩大于等于 90 分以上为优秀，分别统计每门课程的优秀率，结果以"%"显示，并保留两位小数（提示：优秀率=优秀人数/考试人数，使用 COUNTIF 函数统计优秀人数）。

　　选中 E15 单元格，插入函数，在"统计函数"中找到 COUNT 函数，设置和图 4.71 一样的参数，求完之后横向填充至 H15 单元格。选中 E16 单元格，插入函数，在"统计函数"中找到 COUNTIF 函数，设置如图 4.72 所示的参数，单击"确定"，之后在编辑栏里 COUNTIF 函数之后输入除号"/"及"E15"，如图 4.72 所示，求完之后横向填充至 H16 单元格。选中

E16:H16 单元格，单击"开始"→"数字"组右下角的箭头，打开"单元格格式"对话框，选择"百分比"，设置小数位数为 2 位。

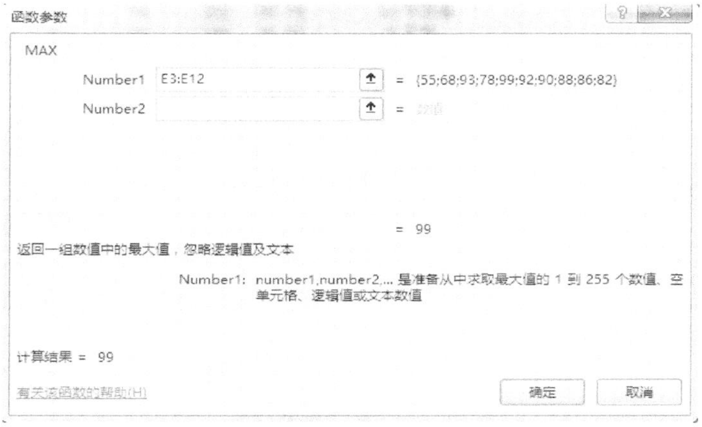

图 4.71　MAX、MIN 的参数设置

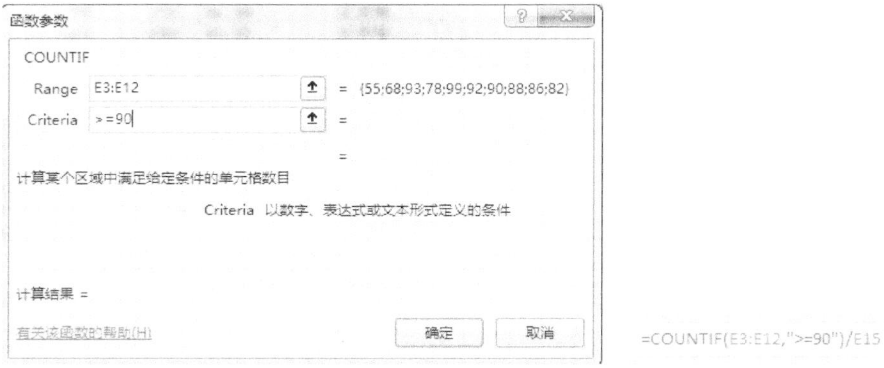

图 4.72　COUNTIF 的参数设置

⑩ 为总分列设置条件格式，使总分排前三名的单元格以浅红色填充；为是否及格列设置条件格式，使不及格的单元格以红色填充，文字颜色为白色。

选中 I3:I12 单元格，选择"开始"→"样式"→"条件格式"→"新建规则"，打开规则设置对话框，选择"仅对排名靠前或靠后的数值设置格式"的规则类型，仅对最高为 3 的单元格设置格式，如图 4.73 所示，打开格式对话框选择浅红色（如没有可选其他颜色），单击"确定"即可完成设置。选中 L3:L12 单元格，选择"开始"→"样式"→"条件格式"→"突出显示单元格规则"→"等于"，打开规则设置对话框，输入"不及格"，选择"自定义格式"，如图 4.73 所示，打开格式对话框选择设置填充颜色和字体颜色，单击"确定"即可完成设置。

⑪ 为标题行的合并单元格设置图案颜色为浅绿色、水平条纹的填充；为整个表格添加边框线，外框线为蓝色粗实线，内框线为蓝色细虚线。

选中标题行的合并单元格，选择"开始"→"单元格"→"格式"→"设置单元格格式"，打开"设置单元格格式"对话框，选择"填充"选项卡，如图 4.74 所示设置图案颜色和图案样式。选中整个表格，同样打开"设置单元格格式"对话框，选择"边框"选项卡，如图 4.74 所示设置内外框线。

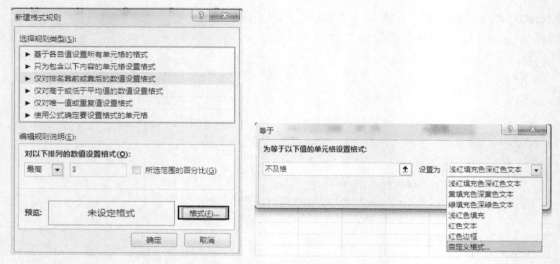

图 4.73　条件格式设置

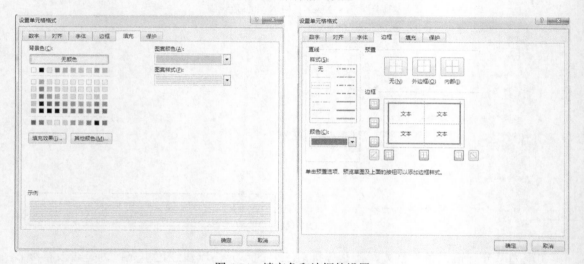

图 4.74　填充色和边框的设置

⑫ 将标题行的行高设置为 40，其他行的行高为 20，所有列为"自动调整列宽"。

选中标题行，选择"开始"→"单元格"→"格式"→"行高"，输入"40"。选中其他行，同样打开行高设置对话框，输入"20"。选中整个表格所有列，选择"开始"→"单元格"→"格式"→"自动调整列宽"即可。

⑬ 用姓名列和四科成绩列做一个三维簇状柱形图表，将图表置于 A20:K35 单元格内，图表标题为"学生成绩表"，数值轴主要刻度单位改为 20，图表区以某一种颜色填充，颜色任选，为体育系列添加数据标签，结果样张如图 4.60 所示。

选中姓名列（B2:B12），按住"Ctrl"键，再选中四科成绩列（E2:H12），选择"插入"→"图表"→"柱形图表"→"三维簇状柱形图"，将图表拖动至 A20:K35 单元格区域内。修改图表标题为"学生成绩表"。选中图表左侧的数值轴，单击右键在弹出的菜单中选择"设置坐标轴格式"，在页面右侧弹出的"设置坐标轴格式"对话框中，修改"单位"→"大"的值为 20。单击图表的空白区域，选中图表区，在菜单"图表工具"→"格式"→"形状填充"中任选一种颜色。选中图表中的体育系列（四根柱中代表体育成绩的柱），选择菜单"图表工具"→"设计"→"添加图表元素"→"数据标签"→"其他数据标签选项"，在右侧弹出的标签对话框中选择"值"（默认应该已选中）。

⑭ 用姓名列和平均分列生成一个带数据标记的折线图，放置在上一题图表的右侧，数值轴主要刻度单位改为 10，最小值为 50，最大值为 100，添加位于上方的数据标签，为图表应用样式 11，结果样张如图 4.61 所示。

选中姓名列（B2:B12），按住"Ctrl"键，再选中平均分列（J2:J12），选择"插入"→"图表"→"折线图表"→"带数据标记折线图"，将图表拖动至上一图表的右侧。选中图表左侧的数值轴，单击右键在弹出的菜单中选择"设置坐标轴格式"，在页面右侧弹出的设置坐标轴格式对话框中，修改最小值为 50、最大值 100、主要单位为 10。选中整个图表或选中图表中的折线，选择菜单"图表工具"→"设计"→"添加图表元素"→"数据标签"→"上方"，就会添加上数据标签。选中整个图表，选择菜单"图表工具"→"设计"→"图表样式"→"样式 11"。

⑮ 将原表 A2:J12 区域的单元格不带任何格式地复制粘贴到 A40 开始的区域中，在此表中首先按体育成绩升序排列，体育成绩相同时按高等数学成绩降序排列。筛选出性别为"女"、总分大于 300 的学生记录，结果样张如图 4.62 所示。

选中 A2:J12 的单元格，选择"开始"→"剪贴板"→"复制"，选中 A40 单元格，选择"开始"→"剪贴板"→"粘贴"→"选择性粘贴"，打开"选择性粘贴"对话框，选择"数值"，点击"确定"。选中粘贴的表格，选择"数据"→"排序和筛选"→"排序"，打开"排序"对话框，如图 4.75 所示进行设置。选中整个表格，选择"数据"→"排序和筛选"→"筛选"，在性别列的下拉列表中，取消"全选"，只选中"女"，在总分列的下拉列表中，选择"数字筛选"→"大于"，输入 300，单击"确定"。

⑯ 将原表 A2:J12 区域的单元格不带任何格式地复制粘贴到 A55 开始的区域中，在此表中进行分类汇总，得到每个专业四门课程的平均分，结果样张如图 4.63 所示。

复制粘贴方法同上一题，选中粘贴的表格，首先按照专业进行排序（排序方法同上题），然后选择"数据"→"分级显示"→"分类汇总"，打开"分类汇总"对话框，如图 4.76 所示进行设置。

图 4.75　排序的设置

图 4.76　分类汇总的设置

⑰ 以 A2:L12 为数据源插入一个数据透视表到一个新工作表中,并将新工作表命名为"数据透视表",数据透视表的布局:行标签为专业,列标签为性别,值字段为高等数学,值字段计算类型为平均值,结果样张如图 4.64 所示。

选中 A2:L12 单元格,选择"插入"→"数据透视表",打开数据透视表的对话框,单击"确定",将生成的新工作表重命名为"数据透视表",在页面右侧的对话框中进行布局,选中上面的"专业"字段,按住鼠标左键将其拖至"行"的下面,放开鼠标,用同样方法,将性别字段拖至"列"的下面,将高等数学字段拖至"值"的下面,选中"值"下面的"求和项:高等数学",在弹出的菜单中选择"值字段设置",在打开的对话框中选择"平均值",单击"确定"。

⑱ 对"学生成绩表"工作表进行页面设置:纸张方向为横向,页边距上、下、左、右都为 2,页眉页脚都为 1,自定义页眉"学生成绩表",居中字号 20,自定义页脚,居右插入页码。

单击"页面布局"→"页面设置"右下角的箭头,打开"页面设置"对话框,在"页面"选项卡中将纸张方向改为"横向",在"页边距"选项卡中,分别设置上、下、左、右以及页眉页脚的值,在"页眉页脚"选项卡中,单击"自定义页眉",在"中"的框中输入"学生成绩表",选中输入的文字,点击上面的"A",设置字号为 20,用同样方法,点击"自定义页脚",将鼠标定位在"右部"的框中,点击上面的"插入页码"按钮。

4.2.2 实验 2:2020 年 GDP 数据

4.2.2.1 操作要求

① 将 Excel 素材工作簿中的工作表 Sheet1 的名字改为"2020 年 GDP 数据",工作表标签颜色为"标准蓝色"。之后 2~10 题目的操作结果如图 4.77 所示。

序号	省份	GDP(亿元)	GDP增速	GDP排名		全国平均GDP增速	0.023
		2020年GDP数据				高于平均增速的省份	6
010	上海	38,700.58	1.70%	第10名			
003	山东	73,129.00	3.60%	第3名			
001	广东	110,760.94	2.30%	第1名			
006	四川	48,598.80	3.80%	第6名			
002	江苏	102,700.00	3.70%	第2名			
005	河南	54,997.07	1.30%	第5名			
004	浙江	64,613.00	3.60%	第4名			
008	湖北	43,443.46	-5.00%	第8名			
009	湖南	41,781.49	3.80%	第9名			
007	福建	43,903.89	3.30%	第7名			
		622,628.23					
		62,262.82					

图 4.77 2020 年 GDP 数据样张

② 对第一行的文字"2020 年 GDP 数据"设置 A~E 列的跨列居中对齐,不合并单元格,应用单元格标题 1 样式,并设置某一浅蓝的填充色。

③ 为序号列自动填充 001、002、003、…的序号。

④ 将 C 列 GDP 数据设置保留两位小数、带千位分隔符;将 D 列 GDP 增速设置百分比显示并保留两位小数。

⑤ 对 A2:D12 区域的数据,按照"省份"字段排序,并按笔画排序。

⑥ 在 E2 单元格输入文字:GDP 排名,并在该列按照 GDP 数值计算每个省份的 GDP 排

名，以"第 *n* 名"的形式填入单元格中（提示：RANK 函数）。

⑦ 为 A2:E12 区域套用"蓝色 表格样式中等深浅 9"的表格样式，取消自动筛选项，取消镶边行，并转换为区域。

⑧ 在 C13 单元格计算所有省份 GDP 的总和，在 C14 单元格计算所有省份 GDP 的平均值。

⑨ 统计 GDP 增速高于全国平均增速的省份有几个，结果放在 G2 单元格中（提示：COUNTIF 函数）。

⑩ 为 GDP 增速列设置条件格式，将 GDP 增速不高于全国 GDP 增速的单元格以红色、加粗倾斜的字体显示。

⑪ 用省份和 GDP 两列数据插入一个三维饼图，放置在 I1 到 O15 的区域，将图表标题改为"2020 年 GDP 数据"，图表区背景色为"羊皮纸"，添加数据标签，显示百分比，在外侧，结果样张如图 4.78 所示。

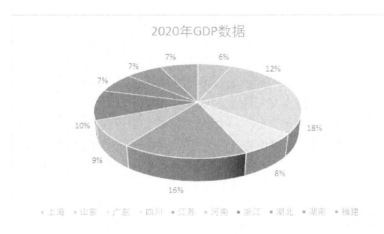

图 4.78　图表 1 样张

⑫ 用省份和 GDP 增速两列数据插入一个三维折线图，放置在 P1 到 V15 的区域，绘图区背景色为"新闻纸"，将数值轴的数据显示为整数，将图表中折线的颜色改为红色，结果样张如图 4.79 所示。

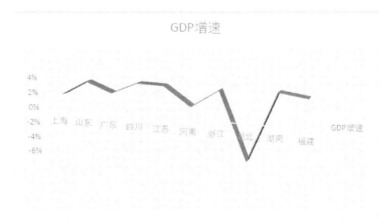

图 4.79　图表 2 样张

⑬ 将 A2:E12 区域的单元格不带任何格式地复制粘贴到 A15 开始的区域中，在该表中筛选出 GDP 大于 10 万亿或者 GDP 增速为负值的记录，结果样张如图 4.80 所示。

序号	省份	GDP（亿元）	GDP增速	GDP排名
001	广东	110760.94	0.023	第1名
002	江苏	102700	0.037	第2名
008	湖北	43443.46	-0.05	第8名

图 4.80　筛选结果样张

⑭ 取消工作表中的网格线，设置 A1:E12 为打印区域，纸张方向为横向，调整缩放比例为 200%。

4.2.2.2　操作提示

① 将 Excel 素材工作簿中的工作表 Sheet1 的名字改为"2020 年 GDP 数据"，工作表标签颜色为"标准蓝色"。之后 2～10 题目的操作结果如图 4.77 所示。

打开素材文件，单击窗口左下角的"Sheet1"，在右键菜单中选择"重命名"，输入"2020 年 GDP 数据"，再右键单击菜单选择"工作表标签颜色"，在二级菜单中选择"蓝色"。

② 对第一行的文字"2020 年 GDP 数据"设置 A～E 列的跨列居中对齐，不合并单元格，应用单元格标题 1 样式，并设置某一浅蓝的填充色。

选中 A1:E1 单元格，单击"开始"→"对齐方式"右下角的箭头，打开"设置单元格格式"对话框，在水平对齐的下拉菜单中选择"跨列居中"，再选择"填充"选项卡，选中某一浅蓝的填充色，单击"确定"，选择"开始"→"样式"→"单元格样式"→"标题 1"。

③ 为序号列自动填充 001、002、003、…的序号。

选中 A3 单元格，在其中先输入一个单引号（必须在英文输入状态），再输入 001，输入完再次选中 A3 单元格，将鼠标停留在单元格右下角，变成黑色十字框（填充柄）时，按住鼠标左键向下拖动至 A12 单元格（可以在拖动结束的下拉菜单中选择填充类型）。

④ 将 C 列 GDP 数据设置保留两位小数、带千位分隔符；将 D 列 GDP 增速设置百分比显示并保留两位小数。

选中 C3:C12 单元格，单击"开始"→"数字"组右下角的箭头，打开"设置单元格格式"对话框，选择"数字"→"数值"，将小数位数设为 2，并选中"使用千位分隔符"选项。选中 D3:D12 单元格，单击"开始"→"数字"组右下角的箭头，打开"设置单元格格式"对话框，选择"数字"→"百分比"，将小数位数设为 2。

⑤ 对 A2:D12 区域的数据，按照"省份"字段排序，并按笔画排序。

选中 A2:D12 的单元格，选择"数据"→"排序和筛选"→"排序"，打开"排序"对话框，如图 4.81 所示进行设置。

⑥ 在 E2 单元格输入文字：GDP 排名，并在该列按照 GDP 数值计算每个省份的 GDP 排名，以"第 n 名"的形式填入单元格中（提示：RANK 函数）。

选中 E2 单元格输入文字"GDP 排名"，选中 E3 单元格，插入函数，在"选择类型"中选择"全部"，找到 RANK 函数单击"确定"，在"函数参数"对话框中（如图 4.82 所示）设置相应的参数，其中第二个参数的单元格引用是绝对引用，单击"确定"，定位到编辑框中，在 RANK 函数之前输入""第"&"，在 RANK 函数之后输入"&"名""，如图 4.82 所示，&符号为字符拼接符号，双引号须在英文状态下输入，其余单元格的求值通过自动填充即可。

图 4.81　排序设置

图 4.82　RANK 函数的设置

⑦ 为 A2:E12 区域套用"蓝色 表格样式中等深浅 9"的表格样式，取消自动筛选项，取消镶边行，并转换为区域。

选中 A2:E12 的单元格，选择"开始"→"样式"→"套用表格格式"→"蓝色表格样式中等深浅 9"，在弹出的对话框中单击"确定"即可完成表格样式的套用。在"表格工具"→"表格样式选项"中，去掉"镶边行""筛选按钮"前面的对号。选择"表格工具"→"工具"→"转换为区域"按钮，在弹出的对话框中选择"是"。

⑧ 在 C13 单元格计算所有省份 GDP 的总和，在 C14 单元格计算所有省份 GDP 的平均值。

选中 C13 单元格，在"公式"菜单中选择"插入函数"按钮，在"常用函数"中选择"SUM"函数，单击"确定"进入"函数参数"设置对话框，参数可以输入，也可以直接在文档中选择，如将光标停在 Number1 后，选择要求和的单元格 C3:C12，单击"确定"即完成计算。

用同样的方法，选中 C14 单元格，插入"AVERAGE"函数，设置参数时注意只选择要求平均值的单元格，不要选中 C13 单元格。

⑨ 统计 GDP 增速高于全国平均增速的省份有几个，结果放在 G2 单元格中（提示：COUNTIF 函数）。

选中 G2 单元格，插入函数，在"统计函数"中找到 COUNTIF 函数，设置如图 4.83 所示的参数，单击"确定"。

⑩ 为 GDP 增速列设置条件格式，将 GDP 增速不高于全国 GDP 增速的单元格以红色、加粗倾斜的字体显示。

图 4.83　COUNTIF 函数的参数设置

选中 D3:D12 单元格，选择"开始"→"样式"→"条件格式"→"突出显示单元格规则"→"其他规则"，打开规则设置对话框，在规则的下拉菜单中选择"小于或等于"，在右侧的值框中输入 0.023，单击"格式"按钮，打开"格式"对话框选择设置字形和字体颜色，单击"确定"即可完成设置。

⑪ 用省份和 GDP 两列数据插入一个三维饼图，放置在 I1 到 O15 的区域，将图表标题改为"2020 年 GDP 数据"，图表区背景色为"羊皮纸"，添加数据标签，显示百分比，在外侧，结果样张如图 4.78 所示。

选中 B2:C12 单元格，选择"插入"→"图表"→"饼图"→"三维饼图"，将图表拖动至 I1:O15 单元格区域内。修改图表标题为"2020 年 GDP 数据"。单击图表的空白区域，选中图表区，然后选中菜单"图表工具"→"格式"→"形状填充"→"纹理"→"羊皮纸"。选择菜单"图表工具"→"设计"→"添加图表元素"→"数据标签"→"其他数据标签选项"，在右侧弹出的"标签"对话框中取消"值"，选择"百分比"，在标签位置中选择"数据标签外"。

⑫ 用省份和 GDP 增速两列数据插入一个三维折线图，放置在 P1 到 V15 的区域，绘图区背景色为"新闻纸"，将数值轴的数据显示为整数，将图表中折线的颜色改为红色，结果样张如图 4.79 所示。

选中省份列（B2:B12），按住"Ctrl"键，再选中 GDP 增速列（D2:D12），选择"插入"→"图表"→"折线图表"→"三维折线图"，将图表拖动至 P1:V15 的区域。单击图表靠近中心的空白区域（不要选中图表中的任何元素），选中绘图区，然后选中菜单"图表工具"→"格式"→"形状填充"→"纹理"→"新闻纸"。选中图表左侧的数值轴，单击右键，在弹出的菜单中选择"设置坐标轴格式"，在页面右侧弹出的"设置坐标轴格式"对话框中，选择"数字"，将小数位数改为 0。选中图表中的折线（系列"GDP 增速"），选择菜单"图表工具"→"格式"→"形状填充"→"红色"。

⑬ 将 A2:E12 区域的单元格不带任何格式地复制粘贴到 A15 开始的区域中，在该表中筛选出 GDP 大于 10 万亿或者 GDP 增速为负值的记录，结果样张如图 4.80 所示。

选中 A2:E12 的单元格，选择"开始"→"剪贴板"→"复制"，选中 A15 单元格，选择"开始"→"剪贴板"→"粘贴"→"选择性粘贴"，打开"选择性粘贴"对话框，选择"数值"，点击"确定"。在 A28 单元格开始的区域建立"条件区域"，如图 4.84 所示，输入相应的内容，然后选中整个表格，选择"数据"→"排序和筛选"→"高级"，打开"高级筛选"

对话框，如图 4.84 所示，列表区域就是整个表格，条件区域就是刚刚输入的内容，单击"确定"完成筛选。

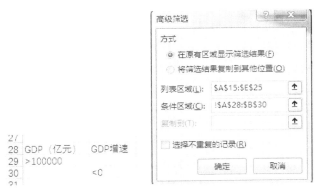

图 4.84　高级筛选的设置

⑭ 取消工作表中的网格线，设置 A1:E12 为打印区域，纸张方向为横向，调整缩放比例为 200%。

选择"视图"→"显示"，取消"网格线"前的对号。选中 A1:E12 单元格区域，选择"页面布局"→"页面设置"→"打印区域"→"设置打印区域"。选择"页面布局"→"页面设置"→"纸张方向"→"横向"。选择"页面布局"→"调整为合适大小"→"缩放比例"→200%。

4.3　综合练习

针对素材完成以下操作：

① 将 Excel 素材工作簿中的工作表 Sheet1 的名字改为"××市 2020 年空气质量表"，工作表标签颜色改为"紫色"。之后题目②～⑦的操作结果如图 4.85 所示。

月份	AQI	范围	质量等级	PM2.5	PM10	SO2	CO	NO2	O3	
1月	86	30~221	良	59	65	8	0.955	40	53	北京市2020年空气质量
2月	89	34~257	良	62	57	7	0.883	27	66	
3月	63	36~153	良	35	53	5	0.484	25	84	
4月	75	42~202	良	31	67	4	0.403	23	119	
5月	85	36~204	良	36	62	4	0.603	23	124	
6月	116	60~202	轻度污染	32	67	4	0.567	22	174	
7月	99	48~152	良	41	47	3	0.671	21	150	
8月	80	27~135	良	28	41	3	0.645	22	131	
9月	56	22~158	良	24	35	3	0.537	26	96	
10月	72	26~185	良	42	70	3	0.561	41	60	
11月	66	26~140	良	37	62	3	0.653	42	41	
12月	56	27~97	良	28	56	5	0.619	38	40	
各月平均数据	79			38	57	4	0.63	29	95	
PM2.5低于30的月份数		3								

图 4.85　××市 2020 年空气质量表样张

② 合并 K1:K13 单元格，输入文字"北京市 2020 年空气质量"，并设置字体为"华文行楷"、字号 16，改变文字方向为竖排并水平垂直都居中。

③ 为整个表格添加边框线，外框线为红色粗实线，内框线为绿色粗虚线。所有行的行高为 20，列宽为 12。

④ 为 A1:J1 应用"蓝色，着色 1"的单元格样式。为 PM2.5 列设置条件格式，使 PM2.5 的值大于等于 50 的单元格以浅绿色填充。

⑤ 为 CO 列设置数据验证条件为：0～1 之间的小数。

⑥ 在 A14 单元格输入"各月平均数据"，利用内置函数 AVERAGE 计算 B 列和 E 列-J 列的平均值，H 列保留两位小数，其余各列保留 0 位小数。

⑦ 在 A15 单元格输入"PM2.5 低于 30 的月份数"，利用 COUNTIF 函数统计 PM2.5 低于 30 的月份数填在 B15 单元格。

⑧ 用月份、AQI、PM2.5 三列数据生成一个带标记的堆积折线图，将图表标题改为"AQI 和 PM2.5"，将 PM2.5 系列的线条颜色改为红色，图表区以"水滴"纹理填充，数值轴的最小值改为 60，主要刻度单位改为 20，为图表两个系列添加数据标签。结果如图 4.86 所示。

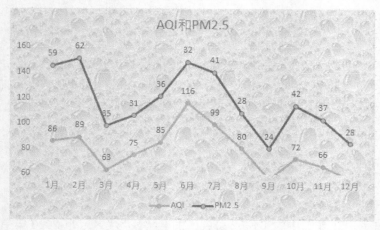

图 4.86 图表样张

⑨ 将原表 A1:J13 区域的单元格不带任何格式地复制粘贴到 A20 开始的区域中，在此表中按照 AQI 的值降序排列。

⑩ 在复制的表中筛选出 PM2.5 大于 30 同时 PM10 小于 60 的记录。结果如图 4.87 所示。

月份	AQI	范围	质量等级	PM2.5	PM10	SO2	CO	NO2	O3
7月	99	48-152	良	41	47	3	0.671	21	150
2月	89	34-257	良	62	57	4	0.883	27	66
3月	63	36-153	良	35	53	4	0.484	25	84

图 4.87 筛选结果

第 5 章　演示文稿软件 PowerPoint 2016 的使用

　　PowerPoint 2016 是一款由微软公司推出的演示文稿制作系统，是 Office 软件包中的一个组件。使用该软件可以制作出包含文字、图形、音频、视频等内容的演示文稿，通过该软件提供幻灯片切换、动画、超链接等功能，可以将需要表达的内容更直观、形象地展示给观众，使观众对文稿所表达的意思有更深刻的印象。利用 PowerPoint 制作出的演示文稿可以在计算机或者投影仪上进行演示，也可以将演示文稿打印出来，制作成胶片，以便应用到更广泛的领域中。相比较旧版本的 PowerPoint 软件，PowerPoint 2016 版本带来了全新的幻灯片切换效果，使用起来更加美观，并且还对动画任务窗口进行了优化，提升了用户体验。

5.1　操作指导

5.1.1　创建演示文稿

　　演示文稿即扩展名为 pptx 的 PowerPoint 文件。通过"文件|新建"菜单项，可以创建一个新的演示文稿。在创建演示文稿时，可以创建一个空白的演示文稿，也可以选择一个已有的主题或模板开始一个新的演示文稿的创建，见图 5.1。

图 5.1　创建演示文稿

选择空白演示文稿或选择一个主题之后，进入 PowerPoint 2016 的工作界面，见图 5.2。

工作界面主要由标题栏、快速访问工具栏、选项卡和功能面板区、导航窗格、编辑窗口、备注栏和状态栏等部分组成。

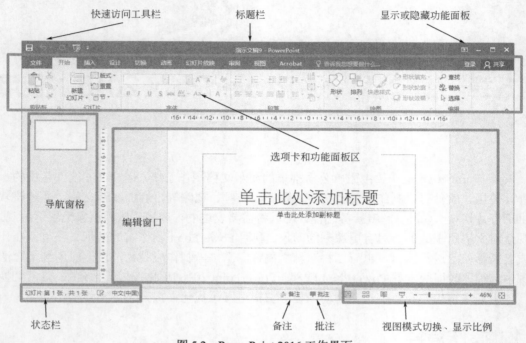

图 5.2　PowerPoint 2016 工作界面

默认的情况下，快速访问工具栏中只包含保存、撤销、恢复、幻灯片播放等工具，用户可以根据需要，对快速访问工具栏进行定义，见图 5.3。

图 5.3　自定义快速访问工具栏

选项卡和功能面板区由选项卡和命令面板两部分组成。默认情况下，在主界面中会将这两部分内容完整地显示。用户可以通过点击功能按钮区中的按钮，对功能区进行个性化设置，见图 5.4。

5.1.2　新建幻灯片

一个完整的演示文稿包含片头、动画、PPT 封面、前言、目录、过渡页、图表页、图片页、文字页、封底、片尾等若干张幻灯片（Slice），一个新创建的演示文稿中只包含一张幻灯片。根据用户要创建的演示文稿内容，可以在演示文稿中添加幻灯片。通过选中"开始"选项卡，选择功能区中的"新建幻灯片"，即可在当前幻灯片之后添加新幻灯片，见图 5.4。

图 5.4　调整功能区

5.1.3　设置幻灯片版式

一份演示文稿通常由一张"标题"幻灯片和若干张"普通"幻灯片组成。根据幻灯片要展示的内容的特点，不同的幻灯片可以采用不同的版式。在添加幻灯片时，可以单击"新建幻灯片"右下角的黑色倒三角，添加合适版式的新幻灯片，见图 5.5；也可以点击"开始"功能区中的"版式"命令，修改当前幻灯片的版式，见图 5.6。

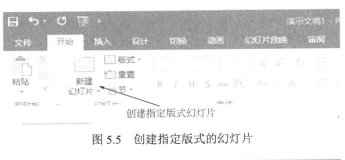

图 5.5　创建指定版式的幻灯片

图 5.6　修改幻灯片的版式

5.1.4　编辑幻灯片中的内容

在演示文稿的编辑过程中，需要对每张幻灯片中的内容进行编辑。根据幻灯片的版式的不同，每张幻灯片中都有各种不同类型的占位符（空白版式的幻灯片不包含任何的占位符）。

幻灯片占位符是幻灯片中预置的对象，通过占位符，可以快速在幻灯片中插入表格、图表、音频、视频等内容。

（1）文本编辑

在文本占位符上单击鼠标左键，就可以对文本占位符中的内容进行编辑，见图5.7。也可以通过"插入"选项卡中的文本框命令，在幻灯片中插入文本框，以便在文本占位符以外的地方输入文字，见图5.8。占位符是幻灯片上的一个对象，对于不需要的对象，在选中之后，可以对其进行删除操作。

图 5.7　在文本占位符中输入文字

图 5.8　使用文本框输入文字

（2）其他对象的编辑

在任何版式的幻灯片页面上，都可以插入表格、图片、形状、图表、批注、页眉/页脚、公式、音频、视频等。通过单击"插入"选项卡，根据需要选择该功能区中相对应的命令，可以完成插入相关对象的操作，见图5.9。在编辑过程中，可以选中不需要的对象进行删除操作。

图 5.9　插入功能区图

在演示文稿的编辑过程中，可以将日期、幻灯片编号等内容插入到幻灯片中，这些对象的插入可以通过"插入"选项卡的功能区中的"页眉/页脚"命令完成，见图 5.10。

图 5.10　插入日期、幻灯片编号等

（3）插入超链接

使用演示文稿时经常需要从一个地方（称为链接对象）切换到另一个地方（链接目标），这个切换可以通过设置超链接来完成。在演示文稿系统中，文字、图形、图片、动作按钮等任意的对象均可以被设置为链接对象。

设置超链接时，首先选中链接对象，然后选择"插入"功能面板区中的"链接"命令，进行超链接目标的设置（默认情况下，该命令是不可用的，必须先选择链接对象，该命令才可以使用；也可以使用快捷菜单进行超链接的设置），见图 5.11。

链接目标可以是现有的一个文档或网页，或是本文档中的位置等，用户可以根据需要进行选择。

（4）设置动作按钮

可以将鼠标单击或悬停称为鼠标事件，当这些事件发生时系统可以给出响应，演示文稿系统中的这种机制称为动作按钮。可以对选定的对象进行动作按钮的设置，也可以对标准形状进行动作按钮的设置。

① 对选定的对象进行动作按钮的设置。对选定的对象设置动作按钮与超链接的设置方式相同。首先选中对象，之后在"插入"功能面板区中选择"动作按钮"，进行相关的设置，见图 5.12。

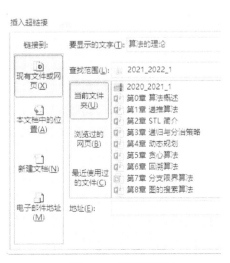

图 5.11　设置超链接

图 5.12　设置动作按钮

② 对标准形状进行动作按钮的设置。单击"插入"功能区面板中的"形状"命令，在弹出的形状列表中选择相应的动作按钮即可，见图 5.13。标准的动作按钮中，已经进行了相关动作的设置，见图 5.14。

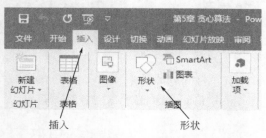

图 5.13　添加动作按钮

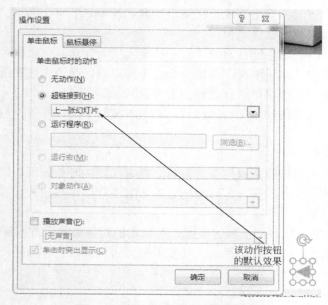

图 5.14　标准动作按钮的默认效果

（5）录制屏幕

录制屏幕是 PowerPoint 2016 新增的功能，选择图 5.9 所示的"插入"功能区右侧的屏幕录命令，弹出图 5.15 所示的屏幕录制工具，启动屏幕录制过程。

屏幕录制的第一步是选择录制区域，通过单击图 5.15 工具栏上的"选择区域"命令完成该操作。在屏幕录制时，可以单击音频和录制指针命令，选择在录制屏幕时是否同步进行音频和指针的录制。

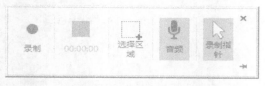

图 5.15　录制屏幕

5.1.5 编辑幻灯片

一个演示文稿中包含若干张幻灯片。对演示文稿中的幻灯片可以进行拷贝、粘贴、删除、调整顺序等操作。幻灯片的编辑操作可以分别在"普通视图"和"幻灯片浏览"两种视图方式下进行操作。通过单击"视图"选项卡，可以在不同的视图方式之间进行切换，也可以单击窗口底部的视图按钮，进行各种视图方式的切换，见图 5.16。

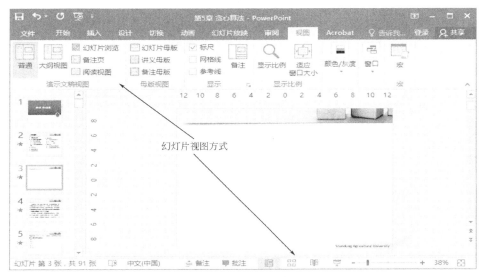

图 5.16　视图方式

下面介绍在"幻灯片浏览"视图方式下幻灯片的编辑操作。通过单击面板区的"幻灯片浏览"命令可以切换到"幻灯片浏览"视图模式，效果图见图 5.17。

图 5.17　幻灯片浏览

（1）选定幻灯片

在幻灯片上单击鼠标左键可以选定一张幻灯片；先选定第一张幻灯片，再按住"Shift"键同时单击鼠标左键，可以选中连续的若干张幻灯片；按下"Ctrl"键同时单击鼠标左键可以选中不连续的若干张幻灯片。

（2）幻灯片的复制与粘贴

在选定幻灯片之后，可以使用"Ctrl＋C"组合键完成幻灯片的复制，在目标位置使用"Ctrl＋V"组合键可以将所有选定的幻灯片复制到当前位置。也可以使用快捷菜单（在选定的任何一张幻灯片上单击鼠标右键可以弹出快捷菜单，见图5.18）选择复制菜单项，此时，会将所有选中的幻灯片粘贴在当前选定的最后一张幻灯片之后。

图 5.18　幻灯片编辑快捷菜单

（3）幻灯片的删除与隐藏

在选定幻灯片之后，使用键盘上的"Delete"键或使用快捷菜单中的"删除幻灯片"菜单项都可以将幻灯片从演示文稿中删除。单击快捷菜单中的"隐藏幻灯片"菜单项，完成幻灯片的隐藏。隐藏操作不会删除选定的幻灯片，但是在幻灯片播放的过程中不再播放被隐藏的幻灯片；对于被隐藏的幻灯片，可以再次选择"隐藏幻灯片"菜单项，恢复幻灯片的正常播放状态。

（4）幻灯片排列顺序的调整

在幻灯片的编辑过程中，可以调整幻灯片的排列顺序。首先选定要调整的幻灯片（一张或多张），然后在选定的任一张幻灯片上按住鼠标左键拖动鼠标，到目标位置上释放鼠标左键即可完成幻灯片排列顺序的调整。

5.1.6　幻灯片主题的更新

幻灯片的主题是使得演示文稿中所有幻灯片或单张幻灯片在色彩、字体、排版风格上保持一致的一种机制。在创建演示文稿时，可以进行主题的选择；在演示文稿的编辑过程中，可以单击"设计"选项卡，在该选项卡的功能区中选择合适的主题进行主题的更新，见图 5.19。

除了采用修改主题的方式对幻灯片的外观进行调整之外，还可以修改幻灯片的背景，见图 5.19 的"设计"功能区的"设置背景格式"命令。

图 5.19　修改幻灯片主题

5.1.7　认识幻灯片母版

幻灯片母版是一种存储了包括字型、占位符大小或位置、背景设计和配色方案等排版信息的幻灯片。通过修改母版中相关对象的排版信息，如标题文字、背景、属性等，则可对所有基于该母版的幻灯片中的排版信息进行同步更新。例如，想在所有幻灯片的左上角加同样的一张图片，不需要在每张幻灯片中逐一插入图片，只需要在母版视图下选择所有幻灯片都使用的母版（通常是第一张），将图片插入到该母版中即可。在 PowerPoint 中有 3 种母版：幻灯片母版、讲义母版、备注母版，见图 5.20。单击"视图"功能区的任意一种母版，可进入母版编辑状态，图 5.21 为选中功能区中的"幻灯片母版"后的效果。可以看到，幻灯片母版中包含各种占位符对象，通过对其进行字体、颜色、背景的设计，可实现快速对当前演示文稿中相关幻灯片内的对象排版格式进行修改。单击功能区中的"关闭母版视图"命令，可以重新切换到普通视图方式。

图 5.20　选择幻灯片母版

图 5.21　编辑幻灯片母版

5.1.8　设置幻灯片上对象的动画效果

一张幻灯片上通常包含多个对象。在幻灯片播放时，为增强视觉效果，可以对幻灯片上的对象设置动画效果。单击"动画"选项卡，进入动画设置状态，见图 5.22。

图 5.22　设置动画

在"动画"功能区中面板的左侧，列出了系统所支持的各种动画效果。首先选中幻灯片上的对象，再选择动画面板中的动画方式，即可完成动画效果的设计。单击动画面板右下方的黑色三角块，可以列出更多的动画方式。

可以对幻灯片上的一个对象设计多个动画效果（比如一个进入效果、一个退出效果），通过动画功能区中的添加动画按钮实现该操作。

单击功能区上的"动画窗格"按钮，可以在工作界面的右侧出现动画窗格，见图 5.22。动画窗格区列出了所有已经设置了动画效果的对象。在动画窗格窗口中选中对象，单击该窗口右侧的三角块，可以调整动画的播放顺序。

5.1.9　设置幻灯片的切换效果

在幻灯片的播放过程中，可以通过幻灯片的切换效果来增强幻灯片的视觉效果。幻灯片切换效果的设置通过单击"切换"选项卡，在功能面板区选择合适的切换方式完成，见图 5.23。在设置幻灯片的切换效果时，默认的情况下，选中的切换效果只对当前幻灯片有效，可以单击"切换"功能面板区的"应用到全部"命令，将选中的切换效果应用到整个演示文稿。根据功能面板的命令，还可以对幻片换片方式、持续时间等进行设置。

图 5.23　幻灯片切换方式的设置

5.1.10　放映幻灯片

在编辑演示文稿的过程中，可以随时放映幻灯片，观看幻灯片的播放效果。可以单击工作区底部的"幻灯片放映"按钮，快速进入幻灯片放映模式，从当前幻灯片开始播放，也可以单击"幻灯片放映"选项卡，在弹出的功能面板区选择相应的放映方式，见图 5.24。

图 5.24　放映幻灯片

5.1.11　智能查找

PowerPoint 2016 新增了智能查找功能。使用智能查找,可以帮助用户获取当前正在编辑的演示文稿中文字的相关信息。首先选中文字，然后右键单击选中的文字，在弹出的快捷菜单中选择"智能菜单"，见图 5.25，会在当前的工作界面中给出查找结果，见图 5.26。

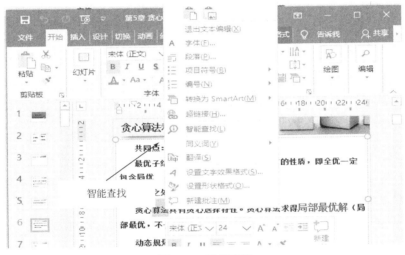

图 5.25　智能查找

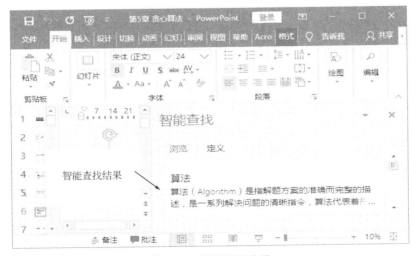

图 5.26　智能查找结果

　　除使用快捷菜单进行智能查找外，也可以使用工作界面上部的"搜索框"进行查找，见图 5.27 中的"操作说明搜索"，该搜索框是一个文本框，在文本框中输入要搜索的内容，即可进行搜索。

图 5.27　搜索文本框

5.2　实验内容

　　本实验主要完成 PowerPoint 的综合练习，通过本实验，掌握 PowerPoint 文件的制作方法，并能熟练使用 PowerPoint 软件中的各种功能，对创建的幻灯片文件进行排版，比如插入日期、时间、幻灯片编号，设置切换效果，设置动画效果等。

5.2.1　操作要求

　　① 创建一个如图 5.28 所示的演示文稿。

　　② 为该演示文稿中的所有幻灯片应用主题，主题样式任选。

　　③ 为 2～7 张幻灯片添加编号，编号从 1 开始，并将幻灯片编号放在右下方（注：第一张幻灯片没有编号）。

　　④ 只为首页幻灯片添加日期，且日期会随着当前日期变化而自动更新，并将日期置于标题的下方，日期要求是中文日期。

　　⑤ 为所有的 7 张幻灯片添加学校校徽。

　　⑥ 对编号是 2 的幻灯片（即样例中的第 3 张幻灯片）中的文本设置行距 2；给编号是 3 的幻灯片（即样例中的第 4 张幻灯片）的文本添加编号；给编号是 4 的幻灯片（即样例中的第 5 张幻灯片）中的文本设置项目符号。

　　⑦ 在编号是 5 的幻灯片（即样例中的第 6 张幻灯片）中插入表格和图表，图表类型为"簇状柱形图"。

　　⑧ 在编号是 6 的幻灯片（即样例中的第 7 张幻灯片）中插入艺术字样式，并插入一幅图片。

　　⑨ 给编号是 4 的幻灯片（即样例中的第 5 张幻灯片）中的对象设置动画效果：标题部分为自顶部"飞入"的动画效果，"单击鼠标"时产生动画效果；文本内容采用"百叶窗"的进入效果，按项一条一条地显示，在"上一动画之后"2s 后发生。

　　⑩ 将演示文稿的幻灯片间的切换效果采用"切入"方式，换片方式通过单击鼠标实现。

　　⑪ 给编号是 1 的幻灯片（即样例中的第 2 张幻灯片）中的三行文本"什么是算法""算法描述方法""常见算法"设置超链接，分别跳转到对应的页面（编号是 2、3、4 的三张幻灯

片）；在编号是 2、3、4 的三张幻灯片中添加返回到编号是 1 的幻灯片的标准动作按钮。

⑫ 修改最后一张幻灯片的背景，效果任选。

⑬ 为幻灯片放映排练计时并放映。

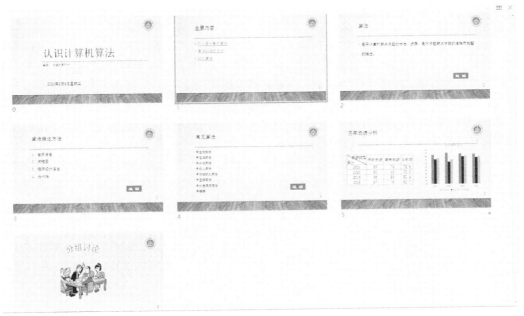

图 5.28　操作样张

5.2.2　操作提示

说明：在除第 1 个操作要求之外，其他 12 个操作的实现无顺序要求。

① 创建一个如图 5.28 所示的演示文稿。

　　a. 启动 PowerPoint，依次点击"文件""新建"，在图 5.1 所示的操作界面中选择"空白演示文稿"，或其他的主题，进行演示文稿的创建（操作样张中选择的是"画廊"主题）。

　　b. 进入工作界面后，单击"开始"选项卡（新建的演示文稿默认选中该选项卡），6 次单击功能面板区中的"新建幻灯片"命令，在幻灯片中添加 6 张幻灯片。

　　c. 选择开始功能面板区中的版式命令，将第一张幻灯片的版式设置为"标题幻灯片"版式，第 2～6 张幻灯片的版式设置为"标题和内容"版式，最后一张幻灯片的版式设置为"空白"。

　　d. 参考样张，在每张幻灯片中输入内容。

② 为该演示文稿中的所有幻灯片应用主题背景，主题样式任选。

单击"设计"选项卡，在该选项卡的功能面板区中选择一种主题样式。

③ 为 2～7 张幻灯片添加编号，编号从 1 开始，并将幻灯片编号放在右下方（注：第一张幻灯片没有编号）。

　　a. 单击"设计"选项卡，在该选项卡的功能面板区中选择"幻灯片大小"命令，在弹出的下拉菜单中选择"幻灯片大小"菜单项，弹出"幻灯片大小"对话框，如图 5.29 所示。在该对话框中将"幻灯片编号起始值"改为 0。

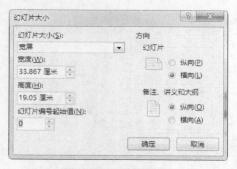

图 5.29　幻灯片大小

b. 单击"插入"选项卡，在该选项卡的功能面板区中选择"幻灯片编号"命令，弹出"页眉页脚"对话框，如图 5.30 所示。

c. 依次勾选"幻灯片编号""标题幻灯片不显示编号"复选框。

d. 单击"全部应用"按钮，完成操作。

说明：对于上述 4 个操作过程，可以先插入编号，再修改起始编号，即第 1 和第 2、3 个操作可以交换顺序。

④ 只为首页幻灯片添加日期，且日期会随着当前日期变化而自动更新，并将日期置于标题的下方，日期要求是中文日期。

　　a. 在普通视图方式下，鼠标左键单击导航窗格中的第一张幻灯片，选中第一张幻灯片。

　　b. 单击"插入"选项卡，单击该选项卡的功能面板区中的"文本框"，在当前幻灯片中插入一个文本框。

图 5.30　插入幻灯片编号

　　c. 选中文本框，将其拖放到标题下方。

　　d. 在文本框上双击鼠标左键，进入文本编辑状态。

　　e. 单击插入功能面板区上的插入"日期和时间"，在弹出的"日期和时间"对话框中选择需要的时间格式，并勾选对话框中的"自动更新"选项，完成日期的插入，见图 5.31。

说明：必须先插入文本框，再在文本框中插入日期和时间。

⑤ 为所有的 7 张幻灯片添加学校校徽。

　　a. 登录 www.sdau.edu.cn 网站，鼠标右键单击校徽，在弹出的快捷菜单中选择"复制图片"菜单项，见图 5.32。

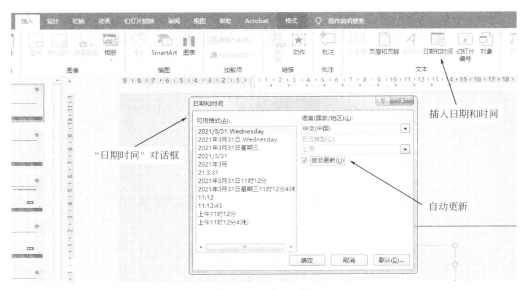

图 5.31　日期和时间

图 5.32　复制图片

b. 返回到正在编辑的演示文稿。单击"视图"选项卡,在该选项卡的功能面板区中选择"幻灯片母版",在工作界面左侧的"导航窗格"选中第一个母版(该母版适用于所有的幻灯片)中进行粘贴操作(使用目标主题进行粘贴),将选中的图片粘贴到当前的母版中,见图 5.33。

c. 选中该图片,在工作界面中会增加"图片工具格式"选项卡,单击该选项卡,在功能面板区中选择"裁剪"命令,将图片中的校徽裁剪下来。

d. 选中图片,将其移动到母版页面的右上角。

e. 切换视图方式,返回普通视图方式。

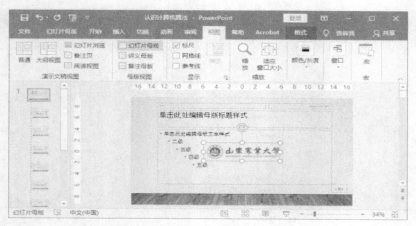

图 5.33　粘贴图片

⑥ 对编号是 2 的幻灯片中的文本设置行距 2；给编号是 3 的幻灯片的文本添加编号；给编号是 4 的幻灯片中的文本设置项目符号。

    a. 选中编号是 2 的幻灯片，选中占位符或占位符中的文字，在"开始"选项卡所对应的功能面板区中，单击"段落"区右下角的按钮，在弹出的"段落"对话框中进行行距的设置。

    b. 选中编号是 3 的幻灯片，选中需要进行处理的 4 段文字，在"开始"选项卡所对应的功能面板区中，单击"段落"区中的设置编号按钮，在弹出的对话框中进行设置，见图 5.34。

    c. 选中编号是 4 的幻灯片，选中需要进行处理的几段文字，在"开始"选项卡所对应的功能面板区中，单击"段落"区中的设置项目符号按钮，在弹出的对话框中进行设置，见图 5.34。

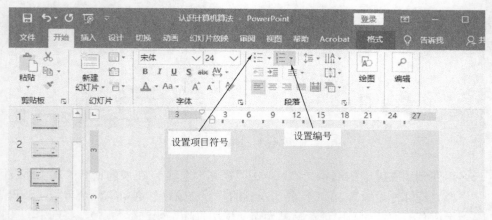

图 5.34　设置编号和项目符号

⑦ 在编号是 5 的幻灯片中插入表格和图表，图表类型为"簇状柱形图"。

该页幻灯片中既有表格，又有图表，图表展示的是表格中的数据。这两个对象分别是利用插入表格和插入图表操作完成。PowerPoint 无法自动在插入的表格和图表之间建立关联，因此要分别进行两个对象的插入操作。

a．单击"插入"选项卡，在功能面板区中选择"图表"命令，弹出"插入"图表对话框，见图 5.35。在对话框中选择需要的图表类型，单击"确定"，出现图 5.36 所示工作界面。

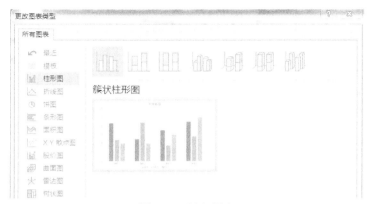

图 5.35　插入图表

b．在图 5.36 所示的工作界面中，有两部分内容，一个是 Excel 工作表，另一个是与这个工作表关联的图表。在 Excel 表中输入数据，会自动生成与表格中数据关联的图表。数据录入结束后，在空白区双击鼠标左键（或者关闭 Excel 文件），完成操作。

说明：如果要修改数据，可以鼠标右键选中图表，在弹出的快捷菜单中选择编辑数据菜单项，系统会重新打开 Excel 表格，用户可以在该表格中进行数据的更新操作。

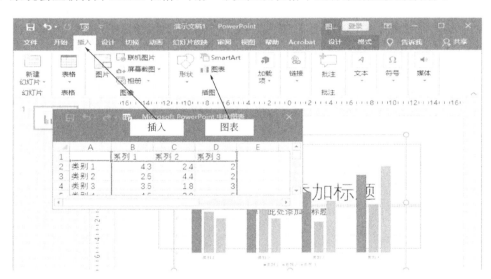

图 5.36　图表编辑界面

c．单击"插入"功能面板区中的"表格"命令，根据要求插入表格。

说明：该表格中的数据不支持自动计算功能（不能像 Excel 一样插入公式），所有数字都由用户录入。

⑧ 在编号是 6 的幻灯片中，插入艺术字样式；并插入一幅图片。

a．在"插入"功能面板区中选择"艺术字"，选择任意样式即可。

b. 在"插入"功能面板区中选择"图片"，或将复制的图片进行粘贴即可。根据需要，可以使用"图片工具"功能面板区中的"删除背景""颜色""校正"等命令，对图片进行处理。

⑨ 给编号是 4 的幻灯片中的对象设置动画效果：标题部分为"自左下部""飞入"的动画效果，"单击鼠标"时产生动画效果；文本内容采用"百叶窗"的进入效果，按项一条一条地显示，在"上一动画之后"2s 后发生。

a. 单击"动画"选项卡，进入动画编辑状态。

b. 在导航窗格中选中编号是 4 的幻灯片，左击选中"标题"占位符，在动画功能面板区中选中"飞入"方式，之后单击功能面板区中的"效果选项"按钮，在弹出的下拉菜单中选择"自左下部"，见图 5.37；单击该面板区"开始"列表框，选中"单击时"选项（默认的方式）。

图 5.37 动画效果设置

c. 选中文本占位符（文本对象），点击面板区"动画"部分右下角的箭头，见图 5.37，在弹出的菜单中选择"更多进入效果"菜单项（见图 5.38）后弹出"更改进入效果"窗口，见图 5.39，在弹出的窗口中选择"百叶窗"；单击面板区的"效果选项"，在弹出的菜单中选择"按段落"，实现逐条显示的动画效果；单击面板区"开始"下拉列表框，选中"上一动画之后"，"延迟"时间调整为 2s。

图 5.38 选择更多进入效果

图 5.39 更改进入效果

⑩ 将演示文稿的所有幻灯片间的切换效果采用"随机线条"方式，换片方式通过单击鼠标实现。

　　a．单击"切换"选项卡，单击图 5.40 中切换幻灯片区的黑色箭头，在弹出的面板中选择需要的切换方式。

　　b．单击图 5.40 所示的"全部应用"命令。

图 5.40　选择切换效果

　　c．选中"切换方式"中的"单击鼠标时"复选框。

⑪ 给编号是 1 的幻灯片中的三行文本"什么是算法""算法描述方法""常见算法"设置超链接，分别跳转到对应的页面（编号是 2、3、4 的三张幻灯片）；在编号是 2、3、4 的三张幻灯片中添加返回到编号是 1 的幻灯片的标准的动作按钮。

　　a．单击导航窗格中的编号是 1 的幻灯片。

　　b．按住鼠标左键拖动鼠标选中"什么是算法"文本，在选中的文本上单击鼠标左键，在弹出的快捷菜单中选择"超链接"菜单项，在弹出的"编辑超链接"对话框中选中链接到"本文档中的位置"，见图 5.41。

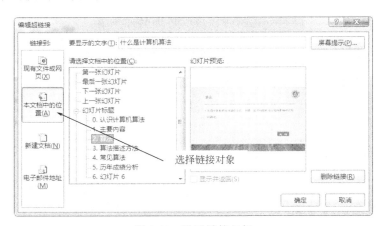

图 5.41　设置链接目标

　　c．在对话框中选择需要的链接到的幻灯片，单击"确定"完成操作。

　　d．采用相同的方法对其他文本进行超链接的设置。

　　e．单击导航窗格中的编号是 2 的幻灯片。

　　f．单击"插入"选项卡，在该选项卡的功能面板区中选择"形状"命令，在弹出的列表框中选择"空白"动作按钮，在幻灯片页面中按住鼠标左键移动鼠标，画出该动作按钮。

　　g．在弹出的"操作设置"窗口中，根据要求选择"超链接"单选按钮，单击对应的下拉列表框选择链接对象。

h. 双击空白动作按钮，输入"返回"文字。

i. 按照相同的方法对其他幻灯片进行处理。

⑫ 修改最后一张幻灯片的背景，效果任选。

a. 单击导航窗格最后一张幻灯片切换到这张幻灯片。

b. 单击"设计"选项卡。

c. 在该选项卡的功能面板区中，单击"设置背景格式"命令。

d. 在工作界面右侧的"设置背景格式"窗格中进行背景的设计。

⑬ 为幻灯片放映排练计时并放映。

a. 单击"幻灯片放映"选项卡。

b. 在对应的功能面板区单击"排练计时"命令，开始进行录制，见图 5.42。

c. 单击录制工具中的"关闭"按钮，结束录制。

图 5.42　录制工具

5.3　综合练习

制作一个演示文稿，主题是"社会主义核心价值观"解读。请自行搜集素材完成文稿的制作。

演示文稿要求：内容丰富，逻辑清晰，图文并茂，能够恰当地使用多种 PPT 元素，如幻灯片切换、动画、超链接等功能，提升演示文稿的视觉效果。参考图 5.43 所示样张。

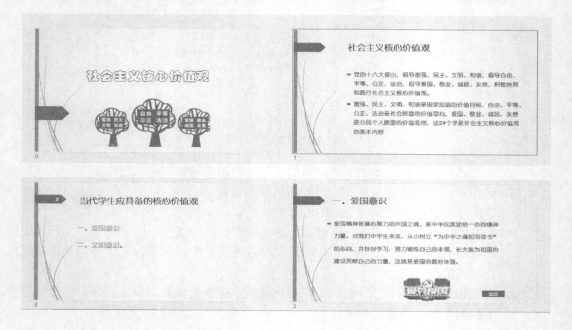

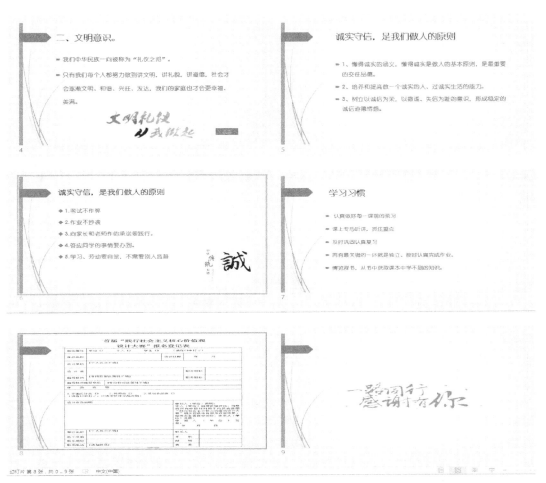

图 5.43　综合练习参考样张

第6章 数据管理软件 Access 2016 的使用

Access 是微软办公软件包 Office 的一部分，作为一种关系型数据库，其发展和应用已经有一段历史了，Access 能在大量数据存储基础上帮助用户对数据进行分析和处理，本章主要以 Access 2016 为例展开学习。Access 是一个面向对象、采用事件驱动、可视化管理的数据库管理工具，提供了表生成器、查询生成器、宏生成器、报表设计器等操作工具。利用它提供的数据库向导、表向导、查询向导、窗体向导、报表向导等多种向导，普通用户也能很方便地构建一个功能完善的数据库系统。作为 Office 办公软件包中的一员，Access 还可以与 Word、Excel、Outlook 等其他软件进行数据的交互和共享。它还面向开发者提供了 Visual Basic for Application（VBA）编程功能，丰富的内置函数使高级用户可以开发功能更加完善的数据库系统。对于非专业编程用户、办公型技术人员，很少有开发工具可以像 Access 这样可以友好地快速上手。使用者只需简单地填写表单或报表，完成字段和约束设置，就可以满足简单的业务开发诉求。在当今各种强大功能的数据库系统称霸的时代，Access 以简单、直接、可支持快速建立基于数据的内容管理的能力在数据库应用领域占有一席之地。

在进行 Access 的数据库管理操作时，应将实践操作与理论知识相结合，以理论学习指导实践才能充分理解实验操作。通过学习进一步理解关系数据库相关概念，如关系数据模型、实体、属性、完整性约束。熟悉 SQL 语法，能够利用它实现对数据库的数据操纵。

6.1 Access 工作环境

6.1.1 Access 工作界面

Access 启动界面如图 6.1 所示，用户有两个选择，可以按左侧提示打开最近使用的文档，也可以按右侧提示，新建空白数据库或利用 Access 提供的一些已有模板快速建立简单数据库。此处我们选"空白桌面数据库"，从零开始创建一个数据库。进入工作主界面，一般空白数据库都要从第一个数据表开始，可选"创建"菜单中的"表设计"进入初始工作状态，如图 6.2 所示。

Access 主窗口从上到下分别是：标题栏（最左侧是快速访问工具栏）、菜单栏、功能区选项卡、导航与编辑区、状态栏。

图 6.1　Access 启动界面

图 6.2　Access 工作主界面

① 标题栏：快速访问工具栏位于标题栏最左侧，包括"保存"按钮、"撤销"按钮和"恢复"按钮等；标题栏右侧是传统的最大化、最小化及关闭窗口的按钮。

② 菜单栏：菜单栏和其他 Office 软件风格一样，会根据用户操作，出现一些动态出现

的工具菜单。

③ 功能区选项卡：Access 的功能区选项卡和面板是对应的关系，单击某个选项卡即可显示相应的面板。在面板中有许多自动适应窗口大小的选项板，提供了常用的命令按钮。

④ 导航与编辑区：

a. 左侧是导航窗格，显示数据库中正在使用的内容。表、窗体、报表和查询都在此处显示，便于用户操作。在导航窗格中单击"所有 Access 对象"按钮，即可弹出列表框，列表框包含"浏览类别"和"按组筛选"两个选项区，在其中根据需要选择相应命令，即可打开相应窗格。

b. 右侧是 Access 的数据库窗口，这是 Access 中非常重要的部分，用户可在此方便、快捷地对数据库进行各种操作，包括创建数据库对象，综合管理数据库对象。

⑤ 状态栏：显示正在窗口中查看的内容的相关上下文信息，还可以使用状态栏上提供的控件，在可用视图之间快速切换。

6.1.2 工作环境参数设置

单击"文件"选项卡下的"选项"命令，将打开"Access 选项"对话框，如图 6.3 所示。通过该对话框，用户可以对 Access 进行各个方面的个性化设置。如在"常规"选项卡中，可以更改默认文件格式以创建与旧版本兼容的 mdb 文件；在"对象设计器"选项卡中可对各个对象的设计视图进行调整；在"自定义功能区"选项中，可对用户界面的一部分功能区进行个性化设置，如定义"快速访问工具栏"，如图 6.4 所示。

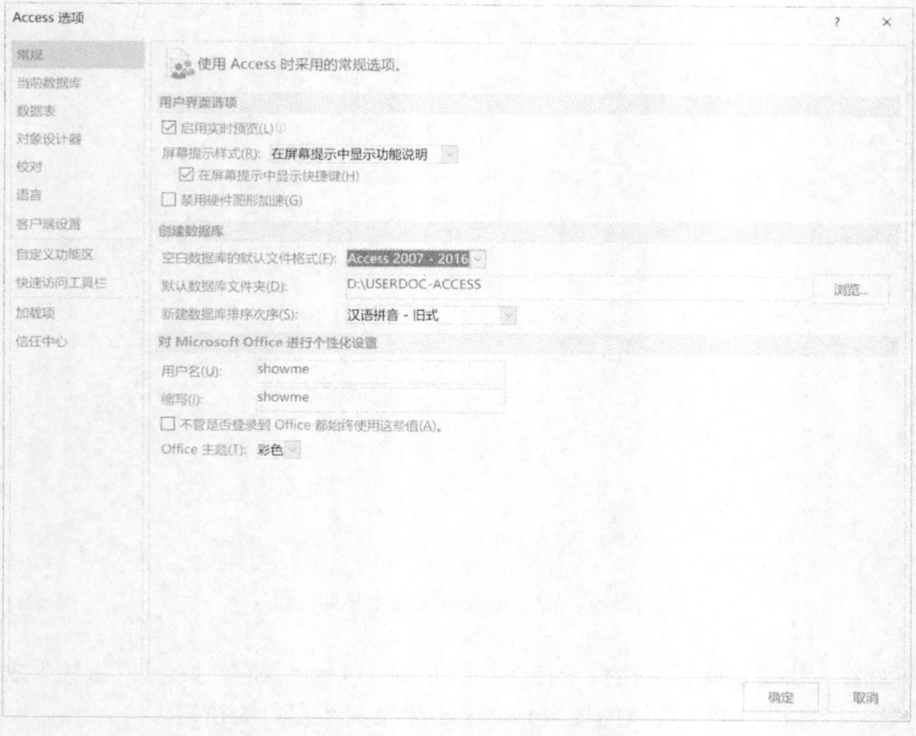

图 6.3 "Access 选项"对话框

图 6.4　定义"快速访问工具栏"

6.1.3　6 种数据库对象

Access 数据库的数据存储外在表现为文件形式，文件后缀为.accdb。作为一个 DBMS，它是一个面向对象的可视化的数据库管理工具，采用面向对象的方式将数据库系统中的各项功能对象化，通过各种数据库对象来管理信息。Access 中的对象是数据库管理的核心，包括 6 种数据库对象。

（1）数据表

表对象是 Access 数据库中用于存储数据的基本单元，是关于某个特定实体或关系的数据集合。数据表中的每行都是一个记录，一条记录由若干字段组成，每个字段对应实体的一个属性。字段是构成记录对象的基础，需定义的基本属性包括字段名称、数据类型、字段大小等。

数据表对象的管理包括两步，先设计表结构，再录入数据。如数据库设计阶段，定义了学生实体，主要属性包括学号、姓名、性别、年龄、班级、专业，则先要在 Access 数据库设计界面进行表设计，字段的数据类型可以根据情况定义，如学号一般定义为短文本，年龄一般定义为数字。

一个数据库中可以有多个数据表，各表之间通过相同字段，存在着一对多或多对多等各种联系。如学生信息管理系统中的学生信息表、课程信息表、选课表，学生信息表和课程信息表的记录可能是各自独立的，但它们与选课表存在相同字段，就使数据对象产生了关联。

（2）查询

查询是数据库的核心操作。就是根据指定条件对数据表或其他查询进行检索，筛选出符合条件的记录，构成一个新的数据集合，用户可以在查询基础上更改、分析数据。一般 DBMS 都提供丰富的查询手段，Access 中的查询包括选择查询、计算查询、参数查询、交叉表查询、操作查询、SQL 查询，而且可以利用查询作为窗体、报表和数据访问页的记录源，从而方便用户对数据库进行查看和分析。

（3）窗体和报表

窗体和报表都可算是 Access 提供数据可视化管理的有效工具。

窗体控件可以用于创建表的用户界面，是数据库与用户之间的主要接口。在窗体中可以直接查看、输入和更改数据。通常窗体包括窗体页眉、页面页眉、主体、页面页脚及窗体页脚，可根据实际情况设计。

Access 提供报表功能，可以方便用户在数据分析组织的基础上，把需要的数据排版打印。在 Access 中把定义的表、查询或 SQL 语句作为数据源，然后设计控制报表的每个对象（也称为报表控件）的大小和外观，然后按照所需的方式选择需要的信息查看或打印输出。

（4）宏和 VBA 模块

宏和 VBA 模块是数据库编程的体现，宏可以转换为 VBA 代码然后进行修改和编辑。

宏是一个或多个操作的集合，每个基本操作实现特定功能（操作由 Access 定义，无法自定义），使用者几乎不需要记住任何语法，每个操作的参数都显示在宏生成器中，只要在宏设计窗口中选取操作即可。宏可以使某些普通的需要多个指令连续执行的任务通过一条指令就自动完成，是重复性工作最理想的解决办法。例如，可设置某个宏，在用户单击某个命令按钮时运行该宏，完成打印某报表的功能。

宏可以包含一个操作序列，也可以是若干个宏的集合所组成的宏组。可以直接将宏嵌入到对象或控件的事件属性中，嵌入的宏将变成该对象或控件的一部分，并随该对象或控件一起被移动或复制。

模块是把 VBA（Visual Basic for Applications）的声明和过程作为一个单元进行保存的程序的集合。模块的主要作用是建立复杂的 VBA 程序以完成宏等不能完成的任务。模块有两个基本类型：类模块和标准模块。窗体模块和报表模块都是类模块，而且它们各自与某一窗体或某一报表相关联。标准模块包含的是通用过程和常用过程，通用过程不与任何对象相关联，常用过程可以在数据库中的任何位置执行。

Access 中包括许多内置函数，如 IPmt 函数可以计算应付利息。使用这些内置函数或创建自己的函数，无须创建复杂的表达式就能执行超出表达式能力的计算，或者替代复杂的表达式。通过使用 VBA 可以操纵数据库中的所有对象，以及执行系统级操作。如在宏内执行 RunApp 操作，可在 Access 中运行另一个程序（如 Microsoft Excel）；通过使用 VBA 还可检查某个文件是否存在于计算机上，使用自动化或动态数据交换（DDE）与其他基于 Microsoft Windows 的程序（如 Excel）通信；调用 Windows 动态链接库（DLL）中的函数。可以使用 VBA 来逐条处理记录集。

实现数据库应用时如何选择，用宏，还是用 VBA，还是同时使用这两者？

① 要根据计划部署或分发数据库的方式决定。如果数据库存储在用户计算机上仅用户自己使用，可以使用 VBA 执行大部分编程任务。如果打算将数据库作为 Access Web Applications 发布，因为 VBA 与 Web 发布功能不兼容，所以必须使用宏（而不是 VBA）执行编程任务。

② 安全方面的考虑。因为 VBA 创建的代码有危害数据安全或损坏计算机上的文件的可能，为了确保数据库的安全，应该在可能的情况下尽量使用宏。尽量只使用不需要准许数据库为可信状态就可运行的宏操作，而在宏无法完成的一些操作实现时使用 VBA。打算将数据库置于文件服务器上以便与其他人共享时，出于安全方面的考虑，应避免使用 VBA。

以上对 Access 有了整体的认识，后续学习 Access 时若有问题，可通过"F1"键或标题栏右侧的问号按钮打开帮助进行查询，如图 6.5 所示。

图 6.5 Access 帮助窗口

6.2 数据库和数据表的管理

6.2.1 创建数据库

可以直接创建空数据库，然后逐步向数据库中添加表、查询、窗体和报表等，或者选择在 Access 提供的已有模板基础上修改完善得自己的数据库。操作过程见前面 6.1.1 节工作界面的介绍。

注意：以创建"空白桌面数据库"为例，在弹出的对话框中写明文件名，如图 6.6 所示。

图 6.6 创建空白数据库

175

通过文件名旁的浏览按钮，选择数据库文件保存位置，考虑到数据量增长的可能性，保存位置的硬盘空间要足够大。另外可以看到 Access 2016 版的数据库文件后缀为".accdb"（不是早期的".mdb"）。单击"创建"按钮，进入工作界面开始数据表等对象的编辑。

6.2.2 数据表的设计与创建

（1）数据表设计

一个数据库常包含若干个数据表对象，数据表是数据库中的基本单元，是数据库管理的数据的载体，创建完数据库后的第一步操作就是设计数据表并给数据表输入合适的数据。

数据表由多个具有不同数据类型的字段组成，基于关系模型定义，一个二维表就代表了一个关系。为了唯一地表示表中的某条记录，表中必须含有关键字，主关键字（主键）可以是表中的一个或多个字段，而且"主键"字段的值不能空，也不能重复。设计各字段的属性，主要包括以下方面：

① 字段名称：数据表中的一列称为一个字段，每个字段应有唯一的名字。

② 数据类型：数据表中的同一列数据必须具有共同的数据特征，最基础的就是数据存储的类型。

③ 字段大小：数据表中的一列所能容纳的字符或数字的个数。

④ 字段的其他属性：包括"索引""格式"等。

注意：定义一个字段的数据类型，要从分析数据的两个方面来考虑。

① 数据的常用操作　对数据的操作，需要数学计算操作的要采用数值型，需要进行逻辑判断操作的则要采用"是/否"的逻辑数据类型。比如，"学号"和"电话"字段的数据类型，因为应用中对这些数据往往都是做排序或查找等文本操作，不进行算术计算，且有的会需要数字 0 开头的格式，所以一般应定义为文本类型，而不是数字类型。

② 数据的特点及取值范围

    a. "性别"字段可以定义为 1 个长度的文本型，也可以定义为"是/否"类型，用"真"来表示"男"，用"假"来表示"女"；或者定义为数值型，用"1"表示"男"，"0"表示"女"。

    b. "照片"字段则一般定义为"OLE 对象"类型，以存放图像这种特殊数据。

    c. "个人介绍"字段主要是一些文本数据，不能定义为"短文本"类型，因为"短文本"类型存储空间默认为 255 个字符，Access "备注"数据类型已重命名为"长文本"，最多可以包含大约 1000MB 的数据。

执行"创建"菜单中的"表设计"，自动进入表格工具选项面板，并进入数据表设计界面，可以看到在设计字段时可选的数据类型。Access 支持的常用数据类型参见图 6.7，说明见表 6.1。

表 6.1　Access 支持的常用数据类型

数据类型	用法	大小
短文本 （varchar text）	文本或文本与数字的组合，字段内容如果是数字，可理解为不需要计算的"数字符号"。 举例：地址、电话号码、编号	"字段大小"属性默认值及最大值都是 255 个字符； Char（N）可自定义允许的最大长度，控制输入字段的最大字符数；未满 255 位的未用位置的空字符不会保存
长文本 （longtext）	多于 255 个字符及数字。 举例：备注、说明	最多约 1GB，但显示长文本的控件限制为显示前 64000 个字符

续表

数据类型	用法	大小
数字 （number）	可用于数学计算的非货币数值数据。 举例：年龄、成绩；百分数是数字，不是文本类型，在表中保存的类型为数字，最终只是以百分数的形式显示	"字段大小"可设置字节、整型、长整型、单精度、双精度、同步复制 ID、小数： ① 字节 Byte：1 字节（8 位），0～255 间取值。 ② 整型 Integer：2 字节（16 位），取值范围在 −32768～32767 之间。 ③ 长整型 Long：4 字节（32 位），取值范围在−2^{31} 与 2^{31}−1 之间。 ④ 单精度浮点型 Single：4 字节，精度为 7 位，保存从−3.402823E38～−1.401298E−45 的负值和从 1.401298E−45～3.402823E38 的正值，可取 0。 ⑤ 双精度浮点型 Double：8 字节，精度为 15 位，−1.79769313486231E308 ～ −4.94065645841247E−324 的负值和从 4.94065645841247E−324～1.797693134 86231E308 的正值，可取 0。 ⑥ 同步复制 ID（GUID）：16 个字节，用于存储同步复制所需的全局唯一标识符。 ⑦ 小数 Decimal：12 字节，存储从−10^{38}−1～10^{38}−1 范围的数字（.adp）；存储从−10^{28}−1～10^{28}−1 范围的数字（.mdb）；"精度"属性指定包括小数点前后的所有数字的位数，"数值范围"属性指定小数点后边可存储的最大位数
日期/时间 （Date/Time）	用于日期和时间型数据	100～9999 年之间的日期时间，占 8 个字节
货币 （Currency）	货币值，在计算期间不会舍入	精确到小数点左侧 15 位数，右侧 4 位数。占 8 个字节
自动编号 （AutoNumber）	在添加记录时自动插入的唯一顺序（每次递增 1）或随机编号。 不应将自动编号字段用于对表中的记录进行计数。自动编号值不可重复使用，因此已删除的记录可能会导致计数出现缺口。通过在数据表中使用汇总行便可轻松获得准确的记录数	"4 个字节"或"16 个字节"，后者仅用于"同步复制 ID"（GUID）
是/否 （Yes/No）	只包含两个值中的一个。 例如"是/否""真/假""开/关"等	实际是布尔型，1 字节
OLE 对象 （OLE Object）	其他程序中使用 OLE 协议创建的对象，必须在窗体或报表中使用绑定对象框来显示 OLE 对象。 OLE 类型数据不能排序、索引和分组。例如 Word 文档、Excel 电子表格、图像、声音或其他二进制数据	最大约 2GB
超级链接 （Hyperlink）	存储超级链接（UNC 路径或 URL） UNC 名称用\\server \share \path\filename 的语法格式，而不是指定驱动器符和路径。 URL：统一资源定位符，它指定协议以及目标对象在 Internet 上的位置，例如：http://www.pku. edu.cn	最多 8192 个字符（超链接数据类型的每个部分最多可包含 2048 个字符）
附件	可附加图片、文档、电子表格或图表等文件；每个"附件"字段可为每条记录包含无限数量的附件，最大为数据库文件大小的存储限制。注意，附件数据类型不可采用 MDB 文件格式	最大约 2GB
计算	可创建使用一个或多个字段中数据的表达式。可在表达式中指定不同的结果数据类型。 注意：Access 2010 中首次引入，无法下向兼容；不可用于 MDB 文件格式	8 字节

续表

数据类型	用法	大小
查阅向导	实际上并不属于数据类型。选择此条目时将启动一个向导，帮助定义简单或复杂查阅字段。简单查阅字段使用另一个表或值列表的内容来验证每行中单个值的内容。复杂查阅字段允许在每行中存储相同数据类型的多个值	通常为 4 个字节

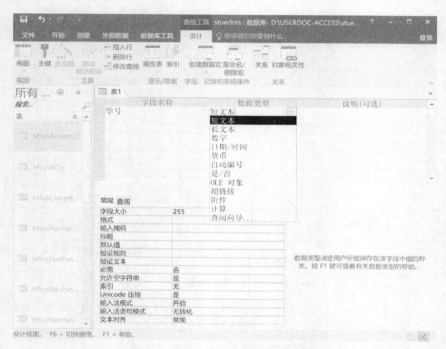

图 6.7　Access 支持的常用数据类型

【例 6.1】设计一个学生信息数据表，字段包括学号、姓名、性别、年龄、班级、专业、备注。在设计视图的表设计器中，"字段名称"里输入字段名，然后在"数据类型"下拉列表里选择字段的数据类型，在窗口下方的"常规"选项卡中可以对字段的属性进行长度等的设置，本例依次添加的字段及数据类型如下：

① 学号：

    a. 数据类型：选"短文本"。

    b. 字段大小：10。

    c. 设置主键：右键选择"学号"字段行，选择设置它为主键。

    d. 允许空字符串：选"否"。

② 姓名：短文本；字段大小：10（考虑少数民族名字更长的话可设置更长）。

③ 性别：短文本；字段大小：1。

④ 年龄：数字；字段大小：字节。

⑤ 班级：短文本；字段大小：4。

⑥ 专业：短文本；字段大小：10。

⑦ 备注：长文本。

在表设计窗口的表名标题位置点击右键，选"保存"，给表命名为"Student"，操作如图 6.8 所示。

图 6.8 Access 表的设计与保存

（2）数据表的创建

在表设计器中，用户可设计、编辑、输入表的结构，设置表字段的属性，从而创建一个有结构的空表。Access 中还可在数据表视图中，直接在数据表输入窗口创建表，如图 6.9 所示。在数据字段下拉列表选择数据类型后输入字段名，依次添加了"ID""姓名"列，但本视图下不能设置字段大小等其他属性。利用该方式可快速建表后直接输入数据。

删除 ID 字段：该字段是建表时自动带的主键字段，如果要删除，仍需回到表设计视图，在图 6.9 左上方"视图"下拉列表选"设计视图"，回到设计视图后右键选择"ID"字段行，选"删除行"即可。

6.2.3 多表间的关系

（1）表间关系的概念

数据库中多个表间不是孤立的，不同实体信息建立的数据表之间通过相互匹配的字段产生联系。关系模型中表间关系分为三类：一对一关系、一对多关系和多对多关系。若有两个表分别为 A 和 B，表间关系描述如下：

① "一对一"关系：A 表中的一条记录仅能在 B 表中有一个匹配记录，且 B 表中的一条记录仅能在 A 表中有一个匹配记录。

② "一对多"关系：A 表中的一个记录能与 B 表中的许多记录匹配，但是 B 表中的一个记录仅能与 A 表中的一个记录匹配。

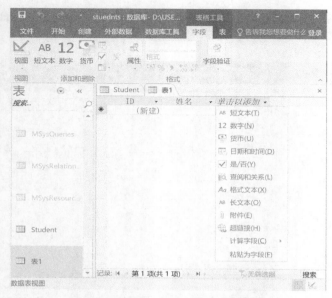

图 6.9　数据表输入窗口创建表

③ "多对多"关系：A 表中的一个记录能与 B 表中的许多记录匹配，且 B 表中的一个记录也能与 A 表中的许多记录匹配。这种关系是通过第三个表（称作链接表）来实现的，多对多关系实际上是借助第三个表的两个一对多关系。

（2）参照完整性

参照完整性是 Access 使用的一个规则系统，确保相关表中记录之间关系的有效性，确保记录不会意外地被删除或更改相关数据。

在符合下列全部条件时，用户可以设置参照完整性：

① 来自于主表的匹配字段是主键或具有唯一索引。

② 相关的字段都有相同的数据类型。

注意：排除以下两种例外的情况。自动编号字段可以与"字段大小"属性设置为"长整型"的数字型字段相关；"字段大小"属性设置为"同步复制 ID"的自动编号字段与一个"字段大小"属性设置为"同步复制 ID"的 Number 字段可相关。

③ 两个表都属于同一个 Microsoft Access 数据库。如果表是链接表，它们必须都是 Microsoft Access 格式的表，不能对数据库中的其他格式的链接表设置参照完整性。

当实施参照完整性后，必须遵守下列规则：

① 不能在相关表的外部键字段中输入不存在于主表的主键中的值。但是，外部键中可输入 Null 值表示这些记录之间没有关系。

② 如果在相关表中存在匹配的记录，不能从主表中删除这个记录。

③ 如果某个记录有相关记录，则不能在主表中更改主键值。

修改实行参照完整性的表数据时，如果用户的更改破坏了某个参照规则，Access 将提示不允许这个更改操作。

（3）建立表间关系

【例 6.2】建立两张基础信息表"课程设置表"和"学生表"，然后建立第 3 张表"学生成绩表"，实现学生和课程的多对多关系，3 张表的字段设计如图 6.10 所示。

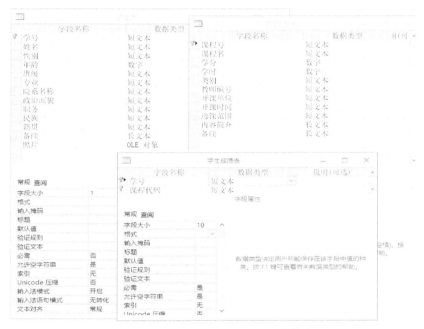

图 6.10　两张基础表和一张关系链接表

操作步骤如下。

① 首先关闭所有打开的表，不能在表打开的状态下创建或修改关系。

② 单击"数据库工具"功能选项卡，选择"关系"按钮。

③ 在弹出的"关系"窗口的"显示表"对话框中，把"学生表""课程设置表""学生成绩表"分别添加到关系窗口。

④ 将"学生表"中的"学号"字段拖动到"学生成绩表"的"学号"字段上，松开鼠标后，显示"编辑关系"对话框，在"编辑关系"对话框中，选中如图 6.11 所示 3 个复选框，实现参照完整性的设置。

图 6.11　编辑关系参数窗口

单击"创建"按钮，即可建立两个表之间的关系，两个表的"学号"字段之间会增加一条连线，两端分别为"1"和"∞"，表示建立的是一对多的关系，学生表为主表，标记为"1"，子表一方为"∞"。

注意：

    a. "级联更新相关字段"作用是使主关键字段和关联表中的相关字段保持同步地改变。

    b. "级联删除相关记录"作用是删除主表中的记录时，自动删除子表中与主键值相对应的记录。

    c. 这两个参数不一定必须勾选。如果选择了"级联删除相关记录"，一定注意当删除基本表的信息时，关联表里的数据也会删除。有的关心历史数据的数据表，如销售记录这类表，可以不设置"级联删除相关记录"的关联，只选择"实施参照完整性"。

⑤ 同样地，将"课程设置表"中的"课程号"字段拖动到"学生成绩表"的"课程代码"字段上，建立"课程设置表"到"学生成绩表"的一对多的关系。加上本数据库中还有其他一些数据表建立的关系，最后的总关系图如图6.12所示。

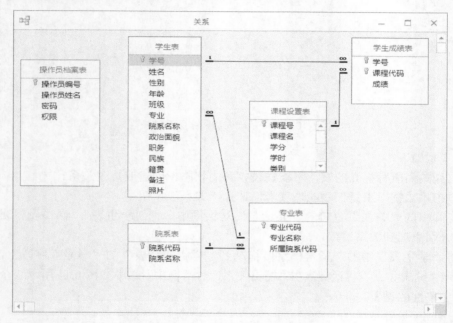

图6.12　数据库的表间关系图

6.2.4　数据的增删改查

（1）通过窗口界面操作实现数据增删改

建立了表结构之后，就可以向表中输入数据记录了。在 Access 中，利用"数据表视图"向表中输入数据即可；当需要输入大量数据时，界面输入比较麻烦，借助 Excel 会更方便编辑。先把空数据表导出成 Excel 文件，然后在 Excel 中编辑数据，最后通过"导入"操作把数据写入数据库。

① Access 数据表中如何输入大段内容。对于较长的文本、备注类型字段的输入，字段输入区太小不方便输入。可以单击要输入的字段，按下"Shift＋F2"键，在弹出的"缩放"对话框输入更方便。

② 利用 Excel 导入导出数据。执行"外部数据"中的"从 Excel 导入"功能，选择好外部文件和要导入的目标数据表，如图6.13所示。

图 6.13　从 Excel 导入数据到数据库的表

导入的 Excel 数据内容和数据库表要匹配，否则会有警告信息弹出。

（2）通过结构化查询语言 SQL 实现数据查询

执行菜单"创建"的"查询设计"可新建一个查询。在弹出窗口中选择要添加显示的表，然后可进入图形化设置界面，在查询窗口的下方，勾选要查询显示的字段，并设置查询成绩的条件是">90"，点叹号运行按钮可得查询结果，如图 6.14 所示。

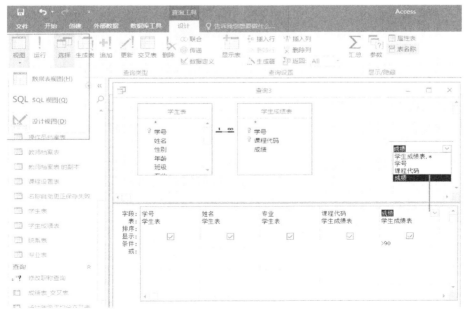

图 6.14　新建设计视图的查询

Access 的查询有以下 3 种视图。

① 设计视图　设计视图就是查询设计器，通过该视图可以创建除 SQL 之外的各种类型查询。

② 数据表视图　数据表视图是查询的数据浏览器，用于查看查询运行结果。

③ SQL 视图　SQL 视图是查看和编辑 SQL 语句的窗口，通过该窗口可以查看查询设计器创建的查询所对应的 SQL 语句，也可以对 SQL 语句进行编辑和修改。

三个视图的切换用"查询工具"左上角的"视图"下拉按钮选择，如图 6.15 所示。

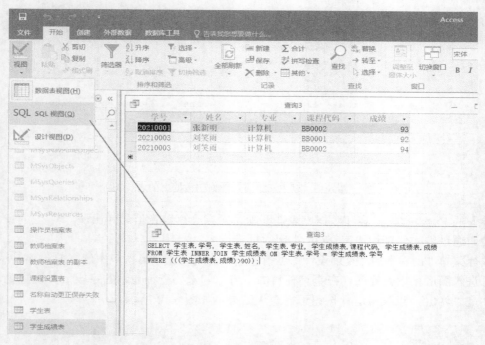

图 6.15　切换查询视图

从图形界面的查询得到结果，可以切换到 SQL 视图看对应的 SQL 命令语法。

反过来，也可直接在 SQL 视图写 SQL 命令执行得到查询结果数据表，但由于 SQL 命令的复杂性，有的执行是不能切换到设计视图的。

请试着将配套理论教材中介绍的 SQL 查询例子在 Access 中实现看看效果。

6.3　ADO 访问数据库

6.3.1　ADO 相关概念

ADO（ActiveX Data Objects）Active 数据对象是基于组件的数据库编程接口，它提供访问各种数据类型的连接机制，是一个与编程语言无关的 COM（Component Object Model）组件系统。它的设计格式极其简单，可方便地连接任何符合 ODBC 标准的数据库，是常用的数据库访问接口，本节学习通过 ADO 对数据库实现添加、删除、修改、查询操作。

ADO 对象模型有 9 个对象，对象不分级，除 Field 对象和 Error 对象之外，其他对象可直接创建。使用时，通过对象变量调用对象的方法、设置对象的属性，实现对数据库的访问。

（1）ADO 中的对象

ADO 对象模型有 9 个对象：Connection、Recordset 、Record 、Command、Parameter、Field、Property、Stream 、Error，常用对象作用说明如下：

① Connection 对象：ADO 对象模型中最高级的对象，实现应用程序与数据源的连接。

② Command 对象：主要作用是在 VBA 中通过 SQL 语句访问、查询数据库中的数据。

③ Recordset 对象：存储访问表和查询对象返回的记录。使用该对象可以实现对记录的浏览和增删改查。

（2）三个常用对象间的联系

① Command 对象和 Recordset 对象依赖于 Connection 对象的连接。

② Command 对象结合 SQL 命令可以取代 Recordset 对象，但不如 Recordset 对象灵活实用。

③ Recordset 对象只能实现数据表内记录集操作，无法完成表和数据库的数据定义操作；数据定义操作一般需通过 Command 对象用 SQL 命令完成。

6.3.2　通过 ADO 实现数据库操作

（1）实现数据添加、删除、修改的过程

打开数据库，然后通过执行 SQL 语句命令实现数据添加、删除、修改，具体过程如下。

① 设置 ADO 连接。

　　a．定义 ADODB.Connection 对象：

```
Dim conn As New ADODB.Connection
```

　　b．设置连接字符串，如：

```
StrCNN = "Provider=Microsoft.ACE.OLEDB.12.0;Data Source=数据库文件"
```

注意：数据库文件要写全路径名。

② 打开数据库连接。

```
conn.Open StrCNN
```

③ 执行 SQL 语句。

　　a．设置 SQL 命令字符串：

```
sql = "insert into 院系表 values（'011', '信息学院'）"
```

　　b．执行 sql 语句：

```
conn.Execute sql
```

④ 关闭数据库连接。如：

```
conn.Close
Set conn = Nothing
```

（2）实现数据查询的过程

① 定义对象。

　　a．定义 ADODB.Connection 对象：

```
Dim conn As New ADODB.Connection
```

　　b．定义 ADODB.Recordset 对象：

```
Dim rs As New ADODB.Recordset
```

查询操作跟添加、删除、修改操作不同，查询操作中需要将查询到的结果记录集保存到对象集合中，通过对对象集合的操作实现查询。

设置连接字符串，字符串的设置和前面执行添加、删除、修改操作时一样。

② 打开数据库连接。

```
conn.Open StrCNN
```

③ 执行 SQL 语句。

a. 设置查询操作字符串：

```
sql = "select * from 院系表 where 院系代码='011'"
```

b. 执行 SQL 语句：

```
Set rs = conn.Execute(sql)' 执行查询，并将结果返回至记录集对象 rs
```

④ 循环遍历结果记录集。

```
Do While Not rs.EOF     ' 判断指针是否为记录末尾
    Msgbox rs.Fields(0).Value  ' 获得数据表中第一个字段的值并显示
    rs.MoveNext          ' 游标指针下移
Loop
```

⑤ 关闭连接。

```
conn.Close
Set conn = Nothing
```

（3）VBA+ADO 编程实例

【例6.3】在"学生管理系统"数据库中，利用 VBA 编程，实现 ADO 访问操纵数据库，对"院系表"数据做处理。尝试简单的图形界面编程，设计一个空白窗体，设置两个功能按钮，一个用于实现添加、删除、修改，一个用于实现查询功能。

① 创建"空白窗体"。通过菜单执行创建得一个空白窗体后，窗体布局工具动态出现。在窗体的标题栏，选择右键快捷菜单里的"设计视图"，如图 6.16 所示。

图 6.16　新建空白窗体

② 添加按钮并设置事件。为了添加 VBA 功能代码需切换到设计视图下。拖动窗体设计工具里的按钮控件等，绘制两个按钮在窗体上，点开"属性表"窗口，设置按钮的标题分别为"查询院系""添加院系"。为了展示查询的数据，添加了一个 Label 控件，命名为 lblShowdata，如图 6.17 所示。

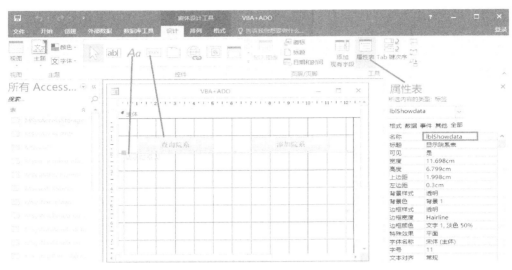

图 6.17　设计视图下的窗体及按钮设置

点击"添加院系"按钮右键菜单，选择"事件生成器"，在出现的代码窗口中写入如下代码，效果如图 6.18 所示。

```
Private Sub Command0_Click()
    Dim conn As New ADODB.Connection


    StrCNN = "Provider=Microsoft.ACE.OLEDB.12.0;Data Source=E:\WORK\2021-3
导论\students2.accdb"
    conn.Open StrCNN


    sql = "insert into 院系表 values(100,'新学院 1')"
    sql = "insert into 院系表 values(101 ,'新学院 2')"
    sql2 = "delete from  院系表 where 院系代码='100'"
    sql3 = "update  院系表 set  院系名称='NEW 学院' where 院系代码='101'"


    conn.Execute sql
    conn.Execute sql2
    conn.Execute sql3


    conn.Close
    Set conn = Nothing
End Sub
```

图 6.18　按钮事件代码

③ 添加"查询院系"按钮事件。同上步，添加另一个按钮事件代码，主要实现数据表的查询功能，代码如下。

```
Private Sub Command2_Click()

    Dim conn As New ADODB.Connection

    Dim rs As New ADODB.Recordset

    Dim CollegeCode As String

    Dim CollegeName As String

    Dim StrCNN As String

    Dim sql As String

    Me.lblShowdata.Caption = "院系代码" & " " & "院系名称"

    StrCNN = "Provider=Microsoft.ACE.OLEDB.12.0;Data Source=E:\WORK\2021-3
导论\students2.accdb"


    conn.Open StrCNN

    sql = "select * from 院系表 "

    Set rs = conn.Execute(sql)


    Do While Not rs.EOF     ' 判断指针是否为记录末尾
        Me.lblShowdata.Caption = Me.lblShowdata.Caption & vbCrLf & rs.Fields(0).
Value & " " & rs.Fields(1).Value


    '获得数据表中第一个字段的值
        rs.MoveNext                     ' 游标指针下移
    Loop


    sql = "delete from  院系表 where 院系代码='101'"
```

```
        conn.Execute sql

        rs.Close
        conn.Close
        Set conn = Nothing
    End Sub
```

④ 执行体验功能。Access 的"文件"→"选项"窗口的左侧列表中选"当前数据库"，在右侧设置窗口中，设置"显示窗体"为前面设计的窗体"VBA+ADO"作为 Access 启动窗体，如图 6.19 所示。

图 6.19　启动窗体设置

关闭 Access 重新打开 Student 数据库，窗体运行起来，点击"查询院系"按钮，可实现在窗体上展示简单查询得到的数据记录，点击"添加院系"按钮实现底层数据记录的添加、删除、修改三条操作。操作效果需要再次点击"查询院系"才能感受到，执行效果如图 6.20 所示。

本例的实现较简单，只是为了简单体现 VBA 编程与 ADO 连接数据库的数据处理过程。如果学习者对此感兴趣，可继续详细学习 Access 的窗体控件的使用及 VBA 更详尽的语法，甚至结合更高级的编程语言，实现更好地面向对象编程下的强大的数据库应用程序。

图 6.20　查询数据表结果展示

第 7 章　初步认识 Python

Python 是当下最流行的编程语言之一，因其简单易学、代码简洁、开源等优点，受到了越来越多的开发者和互联网公司的青睐。Python 广泛应用在网络爬虫、机器学习、数据挖掘等领域。本章首先介绍 Python 的发展历程，随后介绍 Python 作为一门脚本语言能够不断吸引着相关从业人员的优势所在，强调了在使用 Python 的过程需要注意的方面，然后介绍如何从零开始配置 Python 环境快速上手编写简单的程序，最后通过两个简单实例的教学，帮助学习者尽快打开 Python 世界的大门。

7.1　Python 的发展历程

Python 是荷兰人吉多·范罗苏姆（Guido Van Rossum，如图 7.1 所示）在 1989 年开发的脚本解释程序，Python 这个名字来自 Guido 所挚爱的电视剧《Monty Python's Flying Circus》。他希望这个新的叫做 Python 的语言能符合他的理想：创造一种 C 和 Shell 之间功能全面、易学易用、可拓展的语言。

1991 年，吉多·范罗苏姆通过 alt.sources 新闻组向世界发布了 Python 最初的代码。1994 年 1 月发布了 Python 1.0 版本，这一发行版的主要新特征是增加了函数式编程工具 lambda、map、filter 和 reduce。Python 1.4 增加了受 Modula-3 启发的关键字参数和对复数的内建支持，以及采取名字修饰的一种基本形式的数据隐藏功能。

图 7.1　吉多·范罗苏姆

Python 2.0 于 2000 年 10 月 16 日发布，引入了列表推导式。它还向垃圾收集系统增加了环检测算法，并且支持 Unicode。Python 2.1 支持了嵌套作用域。Python 2.2 的重大革新是将 Python 的类型（用 C 写成）和类（用 Python 写成）统一为一个层级，使得 Python 的对象模型成为纯粹和一致的面向对象的模型。Python 2.4 加入了集合数据类型和函数修饰器。Python 2.5 加入了 with 语句。

Python 3.0 于 2008 年 12 月 3 日发布，它对语言做了较大修订而不能完全后向兼容。Python 3.0 增加了一个名为 2to3 的实用脚本工具，它自动将 Python 2 代码转换成 Python 3 代码。Python 3 的很多新特性后来也被移植到旧的 Python 2.6/2.7 版本中。

2003 年以来，Python 始终排行于 TIOBE 编程社区索引前十名。Python 在 TIOBE 公布的 2021 年 10 月编程语言排行榜中排第一名，如图 7.2 所示。

Oct 2021	Oct 2020	Change	Programming Language	Ratings	Change
1	3	^	Python	11.27%	-0.00%
2	1	v	C	11.16%	-5.79%
3	2	v	Java	10.46%	-2.11%
4	4		C++	7.50%	+0.57%
5	5		C#	5.26%	+1.10%
6	6		Visual Basic	5.24%	+1.27%
7	7		JavaScript	2.19%	+0.05%

图 7.2　2021 年 10 月 TIOBE 编程语言排行榜

随着人工智能与大数据的迅速发展，Python 的受欢迎程度遥遥领先于其他主流编程语言。如图 7.3 所示，Python 排名不断靠前，在 2007 年、2010 年和 2018 年它被选为年度编程语言。

Programming Language	2020	2015	2010	2005	2000	1995
C	1	2	2	1	1	1
Java	2	1	1	2	3	29
Python	3	5	6	7	22	13

图 7.3　经典编程语言历史排名

Python 被广泛应用于各个领域，因此学习 Python 具有良好的前景。有一些 Linux 发行版的安装器也是使用 Python 语言编写，一些著名的互联网公司比如 Google、阿里、腾讯等，都在内部大量地使用 Python，很多游戏，比如 EVE，也使用 Python 编写逻辑和后台服务。

7.2　Python 的技术特点

Python 的广泛应用与其自身的诸多优点是分不开的，本节在介绍 Python 的开源、面向对象等优点的同时，也介绍了 Python 的局限性，从而帮助开发者针对不同的问题领域选择更合适的开发语言。

7.2.1　Python 的优点

（1）开源免费

Python 从 1989 年被开发到现阶段被广泛应用，它的发展壮大离不开开源的推动。Python 的使用和开发是完全免费的，任何人都可以查看并修改 Python 的源代码，正因为如此，Python 吸引了大量的开发人员源源不断地对 Python 注入新的活力。Python 的开发是由社区驱动的，是互联网大范围的协同合作的结果。Python 语言在修改时必须遵循一套规范的有约束力的程序（称作 PEP 流程），并需要经过规范的测试系统和 BDFL 进行彻底检查。正是这样使得

Python 相对于其他语言可以保守地持续改进。

（2）简单易学、易阅读

Python 简单易学，即使是没有接触过编程语言的人也能在较短时间内运用 Python 解决问题。Python 有较少的关键字且结构清晰。常用的开发语言例如 C 或 C++等运行程序时需要进行编译和连接等中间步骤，而 Python 只需要将程序简单地键入就可以运行。由于 Python 简洁的语法和其强大的内置功能，Python 编写的程序比其他编程语言往往更加简单易读。

（3）可移植、可拓展

Python 可以在大部分主流平台上进行编译和运行，如 Windows、Linux、Mac 系统，Python还可以在 PDA 和超级计算机上运行。除了语言解释器本身以外，Python 发行时自带的标准库和模块在实现上也都尽可能地考虑到了跨平台的移植性。此外，Python 程序自动编译成可移植的字节码，这些字节码在已安装兼容版本 Python 的平台上运行的结果都是相同的。Python程序的核心语言和标准库可以在 Linux、Windows 和其他带有 Python 解释器的平台无差别地运行。大多数 Python 外围接口都有平台相关的扩展，但是核心语言和库在任何平台都一样。Python 还包含了一个叫作 Tkinter 的 Tk GUI 工具包，它可以使 Python 程序实现功能完整的、无须做任何修改即可在所有主流平台运行的用户图形界面。

（4）面向对象

面向对象方法是把相关的数据和方法组织为一个整体来看待，从更高的层次来进行系统建模，更贴近事物的自然运行模式。Python 提供了对面向对象的全面支持，实现了封装、继承与多态等面向对象的机制。

（5）丰富的库资源

Python 拥有丰富的库资源，借助这些封装完成的库，只需进行简单的调用就可以实现复杂的功能，例如可以构建网络爬虫、进行数据分析、绘图及机器学习等。

7.2.2　Python 的局限性

Python 是一种脚本解释语言，Python 与 C/C++语言等编译型语言相比，其运行效率较低，与 Java 相比效率也不高，Python 源码都是以明文形式存放的，对代码加密的支持不足。另外，Python 的多线程机制也不够强大，也不适合用于硬件控制的开发。所以，在考虑使用 Python解决问题前一定要充分考虑到其局限性。

7.3　Python 环境的安装与配置

Python 能够在绝大多数系统上运行，只需要去下载对应的安装包。本节主要介绍在Windows 系统上安装 Python 的详细教程，Mac 系统和 Linux 系统安装过程类似，就不再详细介绍。

7.3.1　Python 安装

（1）Python 安装包下载

打开 Python 官网（https://www.python.org/），官网首页如图 7.4 所示。

点击 "Downloads" 进入下载页面，点击下载 3.9 版本 Python 安装包，如图 7.5 所示。

或者在下方选择安装其他版本，如图 7.6 所示。

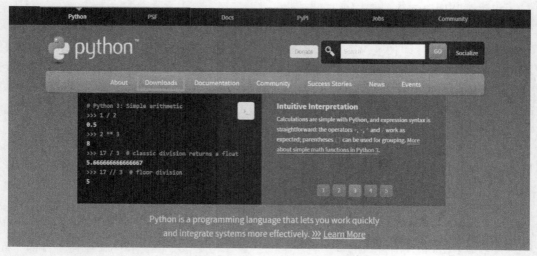

图 7.4   Python 官网首页

图 7.5   Python 下载页面

Python 3.8.7	Dec. 21, 2020	Download
Python 3.9.1	Dec. 7, 2020	Download
Python 3.9.0	Oct. 5, 2020	Download
Python 3.8.6	Sept. 24, 2020	Download
Python 3.5.10	Sept. 5, 2020	Download
Python 3.7.9	Aug. 17, 2020	Download
Python 3.6.12	Aug. 17, 2020	Download

图 7.6   Python 其他版本下载页面

  点击"Download"跳转到对应版本的下载页面，然后选择与自己系统一致的安装包进行下载（如图 7.7 所示），这里选择 Windows(X64)版本。

  如果官网下载速度较慢，也可以选择国内镜像网站进行下载，如阿里云为 http://npm. taobao.org/mirrors/python/。

  （2）运行 Python 安装程序

  使用 3.9 版本的安装包。双击运行 Python 安装程序，如图 7.8 所示。

Version	Operating System	Description	MD5 Sum	File Size
Gzipped source tarball	Source release		e1f40f4fc9ccc781fcbf8d4e86c46660	24468684
XZ compressed source tarball	Source release		60fe018fffc7f33818e6c340d29e2db9	18261096
macOS 64-bit Intel installer	Mac OS X	for macOS 10.9 and later	3f609e58e06685f27ff3306bbcae6565	29801336
Windows embeddable package (32-bit)	Windows		efbe9f5f3a6f166c7c9b7dbebbe2cb24	7328313
Windows embeddable package (64-bit)	Windows		61db96411fc00aea8a06e7e25cab2df7	8190247
Windows help file	Windows		8d59fd3d833e969af23b212537a27c15	8534307
Windows installer (32-bit)	Windows		ed99dc2ec9057a60ca3591ccce29e9e4	27064968
Windows installer (64-bit)	Windows	Recommended	325ec7acd0e319963b505aea877a23a4	28151648

图 7.7　Python 不同系统下载页面

图 7.8　Python 安装界面（1）

安装界面中，"Install Now"为默认安装，会将 Python 安装在系统盘中，因此不建议使用该安装方式，下面的"Customize installation"是自定义安装。在点击自定义安装前，需要先勾选下方两个选项，第一个是将 Python 启动器给所有系统用户，选择默认即可，第二个是自动配置环境变量，如果没有选择也可以安装后进行手动配置。一切就绪后点击"Customize installation"进行下一步，如图 7.9 所示。

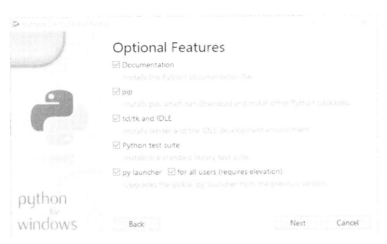

图 7.9　Python 安装界面（2）

195

选择所有选项，然后点击"Next"，进入下一步操作，如图 7.10 所示。这里推荐勾选第一个选项，安装给系统的所有用户，其他按照默认即可。安装位置选择 D 盘下的 Python 文件夹，建议文件夹路径不要包含中文。最后点击"Install"安装。

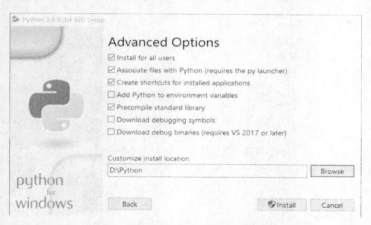

图 7.10　Python 安装界面（3）

安装完成后关闭安装程序，如果之前没有勾选自动配置环境变量，可以手动配置环境变量。

（3）手动配置环境变量

鼠标右键"此电脑"选择"属性"，选择"高级"系统设置，选择"环境变量"，打开如图 7.11 所示页面。

图 7.11　环境变量页面

选择环境变量中的 Path 变量，如图 7.12 所示，可以通过点击"新建"按钮，然后填入 Python 的安装路径，例如添加"D:\Python"。或者点击"编辑文本"按钮，在文本最后添加

Python 安装路径。需要注意的是，在两个路径中间一定要用英文分号进行分隔，即在文本最后添加"; D:\Python"。最后，点击"确定"关闭环境变量设置。

图 7.12　编辑环境变量页面

（4）安装检测

按住"Win + R"输入 cmd 打开控制面板，输入"python"，如果显示 Python 版本号说明安装成功。

7.3.2　PyCharm 安装

PyCharm 是目前最流行的 Python IDE，Pycharm 提供了一整套开发调试工具帮助开发者高效编写代码，接下来简单介绍 PyCharm 的安装过程。

打开 PyCharm 的官方网站，点击上方 Developer Tools 选择 PyCharm 工具，点击页面中间的"Download"按钮跳转到下载页面，或者输入地址直接打开 PyCharm 的下载网页（https://www.jetbrains.com/pycharm/download/#section=windows），如图 7.13 所示。

图 7.13　PyCharm 下载页面

其中有社区版和专业版两款可供选择，专业版是付费的而社区版是免费的，尽管社区版比专业版少了部分功能，但是在日常使用中并不会造成影响，建议初学者安装社区版，点击"Download"进行下载。

下载完成后打开安装程序，如图 7.14 所示。

图 7.14　PyCharm 安装页面（1）

点击"Next"选择安装路径（不建议使用中文路径）。如图 7.15 所示。

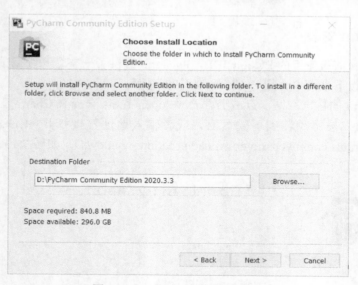

图 7.15　Pycharm 安装页面（2）

继续选择下一步，如图 7.16 所示，"Create Desktop Shortcut"是创建桌面快捷方式，"Add launchers dir to the PATH"是将启动器目录添加到路径中，"Add "Open Folder as Project""是添加打开文件夹作为项目，"Create Associations"是与.py 文件创建关联，双击该文件都是以 Pycharm 打开，这三个选项可选可不选，根据自己的需要选择，然后点击下一步。

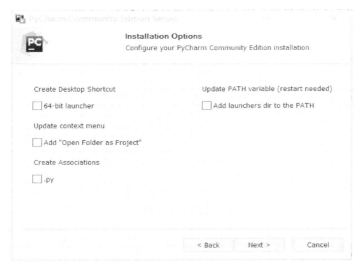

图 7.16　Pycharm 安装页面（3）

选择默认即可，然后点击"Install"等待安装，点击"Finish"完成即可。

图 7.17　Pycharm 安装页面（4）

打开 Pycharm，按照自己的喜好进行设置，完成后就可以编写 Python 代码了。

7.4　Python 的应用

当前，Python 在图像处理、大数据分析、人工智能、机器学习等方面都有着广泛的应用。本节主要展示两个 Python 的经典应用案例，帮助初学者快速了解 Python 的使用方法。

在学习实例之前，首先要利用 PyCharm 创建一个工程和一个 Python 文件进行编写运行代码。打开 Python 编译工具 PyCharm，然后点击"New Project"创建一个新的工程，创建页面如图 7.18 所示。

图 7.18　创建新工程方式（1）

或者从菜单栏里选择"File"选项，在"File"选项中点击"New Project"选项，在弹出的页面中选择工程创建位置和项目名称，然后点击"Create"按钮创建工程。创建步骤如图 7.19 所示。

图 7.19　创建新工程方式（2）

成功创建工程后在工程名处点击右键，在弹出的菜单栏中选择"New"，选择"Python File"，输入需要创建的 Python 文件名字后点击回车就可以完成创建 Python 文件，之后就可以在该文件中编写代码实现功能了。如图 7-20 所示。

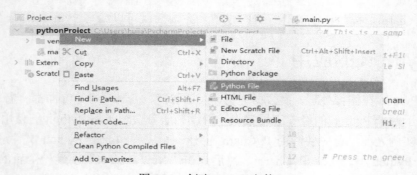

图 7.20　创建 Python 文件

在新创建的 Python 文件中输入第一行代码：print('hello world')，指令如图 7.21 所示。该命令用于输出指令到控制台。

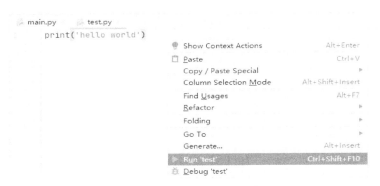

图 7.21 输入 Python 指令

输出结果如图 7.22 所示，在控制台打印出：hello world。

```
Run:      test
      C:\Users\hujia\PycharmProjects\pythonProject\venv\Scri
      hello world

      Process finished with exit code 0
```

图 7.22 控制台输出指令

7.4.1 利用 Python 爬取豆瓣网站信息

网络爬虫（又称为网页蜘蛛，网络机器人）是按照一定的规则自动地抓取万维网信息的程序或者脚本。借助 Python 强大的第三方库，可以轻松地爬取网页数据。Python 在爬虫方面的应用非常广泛。本小节介绍一个简单的豆瓣网站爬取案例。

首先，需要了解浏览器的工作方式主要是通过与服务器之间的不断的请求与响应实现的。

请求是由客户端向服务端发出，可以分为 4 部分内容：请求方法、请求的网址、请求头、请求体。最常见的请求方法是 Get 和 Post。Get 请求中的参数包含在 URL 里面，数据可以在 URL 中看到，如图 7.23 所示，需要搜索的 CSDN 信息就保存在 URL 中，而 Post 请求的 URL 不会包含这些数据，数据都是通过表单形式传输的，会包含在请求体中，Get 请求提交的数据最多只有 1024 字节，而 Post 请求没有限制。请求头是用来说明服务器要使用的附加信息，比较重要的信息有 Cookie、Referer、User-Agent 等，请求体一般承载的内容是 Post 请求中的表单数据，而对于 Get 请求，请求体则为空。

图 7.23 常见的网页请求

响应是由服务端返回给客户端，可以分为三部分：响应状态码、响应头和响应体。响应状态码表示服务器的响应状态，常见的状态码例如：200 代表服务器正常响应，404 代表页面未找到，500 代表服务器内部发生错误。响应头包含了服务器对请求的应答信息，比如请求网页时，它的响应体就是网页的 HTML 代码；请求一张图片时，它的响应体就是图片的二进制数据，响应体如图 7.24 所示。做爬虫请求网页后，要解析的内容就是响应体。

图 7.24 常见的响应体

接下来将介绍在进行爬虫过程中必不可少的工具，即浏览器的开发者工具，通过该工具可以知道请求方式、响应内容、URL 等信息，只需要在对应网页按下"F12"键就可以打开开发者工具，如图 7.25 所示，一般只需要 Network 模块，在该模块中显示该网页发起的全部请求，点击其中一个请求就可以看见该请求的详细信息，其中响应信息的 URL、Cookie 等信息都保存在 Headers 标签中。

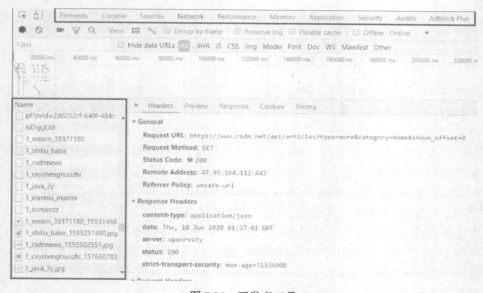

图 7.25 开发者工具

爬虫爬取数据的过程主要分为 5 步：
① 解析网页结构，获取网页的请求方式、URL 等信息。
② 编写程序设置请求信息。
③ 发送请求。
④ 接收数据，解析信息。
⑤ 保存数据。

使用 Python 编写爬虫脚本主要借用的第三方库有 Requests 库、正则表达式的 Re 库、HTML 解析库 PyQuery。一切准备就绪后就可以进行网页爬取了。

爬取豆瓣排行榜电影信息网址为 https://movie.douban.com/tag/#/，网页如图 7.26 所示，当点击加载更多按钮时浏览器就会发起一次新的请求，紧接着服务器响应回来更多的电影信息。

图 7.26　豆瓣电影网页

按下"F12"打开开发者工具中的 Network 选项卡，然后刷新页面，再点击网页下方的"加载更多"按钮，在大量请求中排除获取图片等请求后找到获取网页内容信息的请求，如图 7.27 和图 7.28 所示，发现每点击一次"加载更多"按钮浏览器就会重新发送多个请求信息，也会重新发送一次获取网页内容的 new_search 请求，然后打开 Header 标签。

图 7.27　浏览器发送的请求（1）

图 7.28　浏览器发送的请求（2）

可以发现每次发送的请求之间的不同之处在于最后 start=?，第一次是 0，第二次是 20，每次都是以 20 为单位往上递增。在发现这些规律后就可以尝试编写代码进行爬取了。

在编写代码前要安装第三方库，该案例只用到了 request 库和 json，在 PyCharm 的下方的控制台 Terminal 输入 pip 指令进行安装，指令为 pip install requests，而 json 一般是内置的，如果没有也可以使用 pip install json-py 安装，如果使用默认源下载速度较慢，可以尝试修改为国内源，只需要在 pip 命令后面加入"-i+国内镜像网站"，例如使用豆瓣源安装：pip install requests -i https://pypi.doubanio.com/simple。

创建 Python 文件，根据发现的网页请求规律模拟浏览器请求样式，代码如图 7.29 所示，因为 Python 对空格要求严格，所以建议空格与所示代码一致。定义一个爬虫类，其中 init 方法中定义 temp_url 变量，该变量在 start 后面的数值部分用大括号代替，在后面的代码中只需每次传入一个数值就能生成完整的 URL 地址，然后不断发送新的请求。在 Header 中可以发现请求的 URL，复制该 URL 然后将“strat=”后的数字用大括号“{}”替代，如果 URL 中包含双引号，则需要使用转义字符“\”进行转义，否则程序会报错。

```
import requests
import json
class DoubanSpider:
    # url="https://movie.douban.com/j/new_search_subjects?sort=U&range=0,10&tags=&start=0&countries=%E
    def __init__(self):
        self.temp_url="https://movie.douban.com/j/new_search_subjects?sort=U&range=0,10&tags=&start={}
```

图 7.29　浏览器发送的请求（3）

在 Header 中可以发现请求方式 Request Method 是 Get 请求，继续观察请求头信息，如图 7.30 所示，其中前面介绍的比较重要的信息如 Cookie、Refer 等都可以加入到请求信息中，这样服务器才不会把代码识别为爬虫程序。

```
▾ Request Headers     view source
    Accept: application/json, text/plain, */*
    Accept-Encoding: gzip, deflate, br
    Accept-Language: zh-CN,zh;q=0.9
    Connection: keep-alive
    Cookie: ll="118232"; bid=ICi4AGAzVCg; _vwo_uuid_v2=DDCCB264456EE493ACEACF0D8D8A45EF6
    5497.5.5.utmcsr=douban.com|utmccn=(referral)|utmcmd=referral|utmcct=/; __utmz=301492
    6.1590225509.1592530537.8; __utmb=30149280.0.10.1592530537; __utmc=30149280; __utma=
    _ref.100001.4cf6=%5B%22%22%2C%22%22%2C1592530537%2C%22https%3A%2F%2Fwww.douban.com%2
    Host: movie.douban.com
    Referer: https://movie.douban.com/tag/
    User-Agent: Mozilla/5.0 (Windows NT 10.0; WOW64) AppleWebKit/537.36 (KHTML, like Geck
```

图 7.30　请求头信息

模拟请求信息后就可以向服务器发送请求了，代码如图 7.31 所示，在类中继续添加 run 方法，通过该方法不断地爬取信息，其中 Headers、Cookie 可以从请求头信息中复制，但是需要把 Cookie 转换为字典形式才能传给爬虫函数，因此根据 Cookie 的规律编写了算法逻辑实现字典形式的转换，循环 10 次，即向服务器发送 10 次请求，num 从 0 开始以 20 为单位递增，将 num 传入 URL 就实现了每次发送新的请求，然后借助 Request 包的 Get 方法发送 Get 请求，最后利用 Response 接收服务器的响应信息。

```
    def run(self):
        # 因为Header、Cookie等内容过多，因此并没有全部贴出，读者可在浏览器工具中直接复制
        headers = {
            "User-Agent": "Mozilla/5.0 (iPhone; CPU iPhone OS 11_0 like Mac OS X) AppleWebKit/604
Safari/604.1",
            "Referer": "https://movie.douban.com/tag/"}
        cookie = "ll='118232'; bid=ICi4AGAzVCg; __utmz=30149280.1586739516.1.1.utmcsr=baidu|utmcc
        # 将字符串转换为字典格式
        cookie_dict = {i.split("=")[0]: i.split("=")[-1] for i in cookie.split(";")}
        num=0
        # 利用While语句重复执行爬取操作10次
        while num<200:
            start_url=self.temp_url.format(num)
            response = requests.get(start_url,headers=headers,cookies=cookie_dict)
            self.get_content(response.content.decode())
            # 每执行一次爬取操作都使num加20，以便下一次发送新请求
            num += 20
```

图 7.31　请求部分代码

发送请求之后就可以接收服务器响应了，get_content 函数负责获取响应中想要的内容，然后利用save_content函数帮助例程将获取到的响应保存到douban.json文件中，代码如图7.32所示。

最后一步，编写主函数执行即可。如图 7.33 所示。

```
# 获取爬取的内容信息
def get_content(self,html_str):
    dict_data =json.loads(html_str)
    content_list = dict_data["data"]
    self.save_content(content_list)
# 保存爬取的内容信息
def save_content(self,content_list):
    with open("douban.json","w",encoding="utf-8") as f:
        for content in content_list:
            f.write(json.dumps(content,ensure_ascii=False))
            f.write("\n")
```

```
# 执行函数方法，运行爬虫脚本
if __name__ == '__main__':
    douban = DoubanSpider()
    response = douban.run()
```

图 7.32　获取和保存响应信息代码　　　　　　图 7.33　执行函数方法

代码编写完成后在需要运行的 Python 文件右键选择 Run 就可以运行代码，等待 Python 运行结束。在工程下多了一个 douban.json 文件，至此就成功将豆瓣中的电影信息爬取了下来，打开 douban.json 文件，保存的内容如图 7.34 所示，还可以通过修改代码过滤多余的信息，实现高效率的爬取工作。

```
1  {"directors": ["宫元宏影"], "rate": "7.7", "cover_x": 709, "star": "40", "title": "航海王之黄金城", "url": "https://movie.douban.com/subject/26598021/", "casts":
   ["田中真弓", "中井和哉", "冈村明美", "山口胜平", "平田广明"], "cover": "https://img3.doubanio.com/view/photo/s_ratio_poster/public/p2392493260.jpg", "id":
   "26598021", "cover_y": 1036}
2  {"directors": ["立川让", "大矢雄嗣", "藤泽研一", "重原亮也", "川畑乔", "安斋刚文", "金森阳子"], "rate": "9.4", "cover_x": 618, "star": "45", "title": "灵能百分百",
   "url": "https://movie.douban.com/subject/26677934/", "casts": ["伊藤节生", "樱井孝宏", "大塚明夫", "入野自由", "细谷佳正"], "cover": "https://img1.doubanio.com/view/
   photo/s_ratio_poster/public/p2358698477.jpg", "id": "26677934", "cover_y": 864}
3  {"directors": ["大森立嗣"], "rate": "8.3", "cover_x": 1131, "star": "40", "title": "濑户内海", "url": "https://movie.douban.com/subject/26362351/", "casts": ["池松
   壮亮", "菅田将晖", "中条彩未", "铃木卓尔", "宇野祥平"], "cover": "https://img3.doubanio.com/view/photo/s_ratio_poster/public/p2318231103.jpg", "id": "26362351",
   "cover_y": 1600}
4  {"directors": ["深作欣二"], "rate": "8.0", "cover_x": 580, "star": "40", "title": "大逃杀", "url": "https://movie.douban.com/subject/1292444/", "casts": ["藤原龙
   也", "前田亚季", "山本太郎", "北野武", "栗山千明"], "cover": "https://img1.doubanio.com/view/photo/s_ratio_poster/public/p1071682909.jpg", "id": "1292444",
   "cover_y": 812}
5  {"directors": ["今井夏木"], "rate": "6.9", "cover_x": 1000, "star": "35", "title": "恋空", "url": "https://movie.douban.com/subject/3003830/", "casts": ["新垣结
   衣", "三浦春马", "小出惠介", "香里奈", "麻生祐未"], "cover": "https://img9.doubanio.com/view/photo/s_ratio_poster/public/p634019904.jpg", "id": "3003830",
   "cover_y": 1414}
6  {"directors": ["索菲亚·科波拉"], "rate": "6.8", "cover_x": 1298, "star": "35", "title": "绝代艳后", "url": "https://movie.douban.com/subject/1476023/", "casts":
   ["克斯汀·邓斯特", "鲁森·舒瓦兹曼", "朱迪·戴维斯", "雷普·汤恩", "罗丝·伯恩"], "cover": "https://img9.doubanio.com/view/photo/s_ratio_poster/public/p735421206.jpg",
   "id": "1476023", "cover_y": 1929}
7  {"directors": ["佐藤信介"], "rate": "7.1", "cover_x": 770, "star": "35", "title": "请叫我英雄", "url": "https://movie.douban.com/subject/25899379/", "casts": ["大
```

图 7.34　保存的爬虫信息

7.4.2　利用 Python 实现图像降噪

借助 Python 的第三方库可以用简单几行代码实现对图像的处理，此案例是借助 Python 实现图像的获取和降噪处理，这可能是以后经常需要用到的图像处理功能。

首先，安装和引用第三方库。需要的第三方库主要有图像处理库 Opencv、绘图工具库 Matplotlib 与数组与矩阵运算库 Numpy。在控制台借助 pip 命令输入 pip install+库名来实现第三方库的安装。

安装命令依次为：pip install opencv-python、pip install matplotlib、pip install numpy。如果使用默认源下载速度较慢，可以尝试修改为国内源，只需要在 pip 命令后面加入 "−i+国内镜像网站"，例如使用豆瓣源安装：pip install opencv-python -i https://pypi.doubanio.com/simple。

接下来准备需要降噪的图片，图 7.35 是需要降噪的图片，也可以尝试使用其他有噪声的图片。创建 Python 文件。

将图片复制到工程文件夹下，将其命名为 1.jpg，然后引用代码如图 7.36 所示。

图 7.35　需要降噪的图片

```
import cv2
import numpy as np
import matplotlib.pyplot as plt
```

图 7.36　图像降噪引用第三方库

```
# 读入图片
im = cv2.imread('1.jpg', 0)
im = np.array(im)
im_copy = cv2.imread('1.jpg', 0)
im_copy = np.array(im_copy)
```

图 7.37　读入图片

接下来将图片加载到程序中，代码如图 7.37 所示，借助 Opencv 读取图片，然后利用 Numpy 将其转换为矩阵实现对像素的操作，其中一张用来进行降噪处理，另一张不做处理用来与处理后的图片进行比较。

这里使用中值滤波的方式来进行降噪处理，中值滤波法是一种非线性平滑技术，它将每一像素点的灰度值设置为该点某邻域窗口内的所有像素点灰度值的中值。每个窗口的逻辑实现代码如图 7.38 所示，窗口大小设置为 3×3。m_filter 函数的参数中 x 与 y 是图片的像素，step 是步数，此处即 3。

```
# 中值滤波去噪
medStep = 3  # 设置为3*3的滤波器
def m_filter(x, y, step):
    """中值滤波函数"""
    sum_s = []  # 定义空数组
    for k in range(-int(step / 2), int(step / 2) + 1):
        for m in range(-int(step / 2), int(step / 2) + 1):
            sum_s.append(im[x + k][y + m])  # 把模块的像素添加到空数组
    sum_s.sort()  # 对模板的像素由小到大进行排序
    return sum_s[(int(step * step / 2) + 1)]
```

图 7.38　窗口内中值滤波逻辑实现

只需要遍历整个图片就可以得到降噪后的结果。实现代码如图 7.39 所示。

```
for i in range(int(medStep / 2), im.shape[0] - int(medStep / 2)):
    for j in range(int(medStep / 2), im.shape[1] - int(medStep / 2)):
        im_copy[i][j] = m_filter(i, j, medStep)  # 用模板的中值来替代原像素的值
```

图 7.39　将图像遍历进行降噪处理代码

降噪处理完成后，就可以利用 Matplotlib 将结果显示出来了，要注意的是必须添加前两行代码才能正确显示中文，代码如图 7.40 所示。

```
#解决中文显示问题
plt.rcParams['font.sans-serif']=['SimHei']
plt.rcParams['axes.unicode_minus'] = False

plt.figure(figsize=(20, 9))
plt.subplot(121) #设置图片布局为1行2列，其中该图为第1个
plt.title('原图')
plt.imshow(im)
plt.subplot(122) #设置图片布局为1行2列，其中该图为第2个
plt.title('中值滤波对比图')
plt.imshow(im_copy)
plt.show()
```

图 7.40　显示原图与降噪后图片代码

右键运行该代码结果如图 7.41 所示，其中图（a）为原图，图（b）为降噪后得到的结果，对比能够明显发现噪点大大减少。

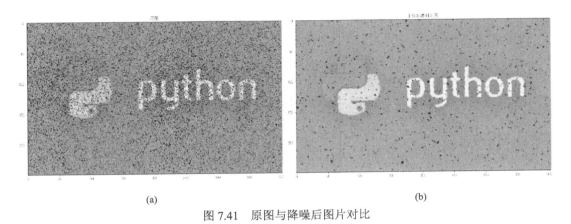

（a）　　　　　　　　　　　　　　　　　　　（b）

图 7.41　原图与降噪后图片对比

两个 Python 案例都只需要短短几十行代码就可以实现比较复杂的功能，Python 在爬虫和图像处理领域还有更加深入和广泛的应用，像爬虫的代理池、反爬虫技术、图像的均值降噪等。

第 8 章　计算机类专业常用软件

计算机系统离不开软件，除了前面我们实验用到的操作系统软件、办公自动化软件、计算机编程软件和数据库管理软件外，在计算机类专业里还有很多其他常用软件或工具。本章面向网页设计与制作、图形图像处理、数学与计算机建模、多媒体技术这几个方向，介绍几款普及率较高的应用软件，为后期相关方向的研究提供支持。

8.1　网页设计与制作软件

随着互联网的发展，人们对网站的需求越来越多，随之涌现出各种网页制作软件，比如 HTML 语言、JavaScript 语言和 Dreamweaver 等。当然，随着计算机技术的更新，还会不断地诞生一些功能更强大的网页制作软件。

网页一般分为静态网页和动态网页。静态网页是把在一张网页上显示的所有的内容都包含在一个网页文件中，随着网页文件的完成，页面的内容和显示效果就基本上不会发生变化了，除非修改网页文件里的代码。当然，静态网页上可以出现各种视觉动态效果，如 GIF 动画、Flash 动画、滚动字幕等。静态网站主要由静态化的页面和代码组成，一般文件名均以 ".htm" ".html" 等为后缀。

早先时候因为技术的限制，大都使用静态网页，但目前来说，静态网站没有数据库的支持，在网站制作和维护方面工作量较大，静态网页一般不能满足我们的需求，这就需要动态网页。所谓动态网页，是指跟静态网页相对的一种网页编程技术，页面代码虽然没有变，但是显示的内容却是可以随着时间、环境或者数据库操作的结果而发生改变的。

动态网页是基本的 HTML 语法规范与 Java 等高级程序设计语言、数据库编程等多种技术的融合，以期实现对网站内容和风格的高效、动态和交互式的管理。

8.1.1　HTML 语言

HTML（HyperText Markup Language）的全称为超文本标记语言，是一种标记语言，不是编程语言。它包括一系列标签，通过这些标签可以将网络上的文档格式统一，使分散的 Internet 资源连接为一个逻辑整体，为人们查找、检索信息提供方便。

HTML 文本是由 HTML 命令组成的描述性文本，HTML 命令可以描述文字、图形、动画、声音、表格、链接等。HTML 的结构包括头部（Head）、主体（Body）两大部分，其中头部描述浏览器所需的信息，而主体则包含所要说明的具体内容。HTML 代码截图如图 8.1 所示，运行上述代码的结果如图 8.2 所示。

图 8.1　HTML 代码示意图　　　　　　图 8.2　HTML 代码运行结果

HTML 的语法非常简洁，也比较松散，以相应的英语单词关键字进行组合，HTML 标签不区分大小写，标签大多数成对出现，有开始，有结束，例如<html>和</html>，但是并没有要求必须成对出现。

学习 HTML 基本可以认为就是学习各种标签，标签也可以设置颜色、字号、字体等属性。

创建一个 HTML 文件，最简单的方法是：新建一个文本文档，然后将文件扩展名修改为"html"，用代码编辑器（例如 notepad++）打开该 HTML 文件可以编辑文件，将网页内容保存到文件中，双击运行 HTML 文件，即可见网页效果。例如，图 8.2 即为图 8.1 中的 HTML 代码运行结果。

HTML 制作网页不是很复杂，但功能强大，其主要特点如下：

① 简易性。HTML 语言编写起来简单方便，都是由一些标签组成，没有什么复杂的语法；HTML 版本升级也采用超集方式，从而更加灵活方便。

② 可扩展性。HTML 语言的广泛应用带来了加强功能，增加标识符等要求，HTML 采取子类元素的方式，为系统扩展带来保证，例如可以嵌入不同数据格式的文件，像 JavaScript 脚本。

③ 平台无关性。虽然 PC 机大行其道，但使用 Mac（Macintosh，是苹果公司自 1984 年起开发的个人消费型计算机）等其他机器的大有人在，HTML 可以跨平台，使用在广泛的平台上，这也是万维网（WWW）盛行的另一个原因。

④ 通用性。HTML 是一种简单、通用的网络语言。它允许建立文本与图片、动画等元素相结合的复杂网页，这些网页可以在任何类型的浏览器中浏览。

8.1.2　JavaScript 语言

JavaScript（简称 JS）是一种属于网络的脚本语言，也是世界上最流行的脚本语言，它适用于 PC、笔记本电脑、平板电脑和移动电话，已经被广泛用于 Web 应用开发，常用来为网页添加各式各样的动态功能，不仅能为用户提供更流畅美观的浏览效果，而且为 HTML 页面增加交互性。通常 JavaScript 脚本是通过嵌入在 HTML 中来实现自身功能的。JavaScript 脚本语言具有以下特点。

① 脚本语言：JavaScript 是一种解释型的脚本语言，不像 C、C++等语言先编译后执行，JavaScript 是在程序的运行过程中逐行进行解释的。

② 基于对象：JavaScript 是一种基于对象的脚本语言，它不仅可以创建对象，也能使用现有的对象。

③ 简单：JavaScript 语言中采用的是弱类型的变量类型，对使用的数据类型未做出严格的要求，是基于 Java 基本语句和控制的脚本语言，其设计简单紧凑。许多 HTML 开发者都不是程序员，但几乎每个人都有能力将小的 JavaScript 片段添加到网页中。

④ 动态性：JavaScript 是一种采用事件驱动的脚本语言，它不需要经过 Web 服务器就可以对用户的输入做出响应。在访问一个网页时，鼠标在网页中进行鼠标点击或上下移、窗口移动等操作，JavaScript 都可直接对这些事件给出相应的响应。

⑤ 跨平台性：JavaScript 脚本语言不依赖于操作系统，仅需要浏览器的支持。因此一个 JavaScript 脚本在编写后可以带到任意机器上使用，前提是机器上的浏览器支持 JavaScript 脚本语言，JavaScript 已被大多数的浏览器所支持。

编写 JavaScript 文件，可以使用 Sublime Text、Notepad++、WebStorm 和 Visual Studio Code 等市面上主导的编辑器。其中，WebStorm 是 JetBrains 公司旗下的一款 JavaScript 开发工具，被广大中国 JS 开发者誉为"Web 前端开发神器""最强大的 HTML5 编辑器""最智能的 JavaScript IDE"等。

8.2 图形图像处理软件

图形图像处理软件是被广泛应用于广告制作、平面设计、影视后期制作、计算机视觉等领域的软件。由 Adobe 公司开发的 Illustrator 和 Photoshop 以其强大的功能和友好的界面成为当前最流行的产品之一，对于高级、复杂的图形图像处理，需要借助计算机语言编程或 OpenGL、MATLAB 等工具实现。

8.2.1 Adobe Illustrator

Adobe Illustrator 常被称为"AI"，是一种应用于出版、多媒体和在线图像的工业标准矢量插画的软件。

Illustrator 的专长在于图形创作，作为一款非常好的矢量图形处理工具，该软件主要应用于印刷出版、海报书籍排版、专业插画、多媒体图像处理和互联网页面的制作等，也可以为线稿提供较高的精度和控制，适合生产任何小型设计到大型的复杂项目。

Adobe Illustrator 作为全球最著名的矢量图形软件，以其强大的功能和体贴用户的界面，已经占据了全球矢量编辑软件中的大部分份额。据不完全统计，全球有 37%的设计师在使用 Adobe Illustrator 进行艺术设计。

8.2.2 Adobe Photoshop

Adobe Photoshop 简称"PS"，是由 Adobe 开发和发行的图像处理软件。该软件发布在 Windows 和 Mac OS 上，主要处理由像素所构成的数字图像。

Photoshop 的专长在于图像处理，而不是图形创作，是对已有的位图图像进行编辑、加工、处理以及运用一些特殊效果，其功能很多，在图像、图形、文字、视频、出版等各方面都有涉及。

2003 年，Adobe Photoshop 8 被更名为 Adobe Photoshop CS。2013 年 7 月，Adobe 公司推出了新版本的 Photoshop CC，自此，Photoshop CS6 作为 Adobe CS 系列的最后一个版本被新的 CC 系列取代。截至 2021 年 1 月，Adobe Photoshop CC 2020 为市场最新版本。

8.3　数学软件

计算机作为计算工具，在数学领域具有极其重要的作用。数学软件就是专门用来进行数学运算、数学规划、统计运算、工程运算、绘制数学图形或制作数学动画等数学问题的应用软件，它为计算机解决现代科学技术各领域中所提出的数学问题提供求解手段，同时又是组成许多应用软件的基本构件。

根据软件功能的不同，数学软件基本分为以下三类。

① 数值计算的软件，如 MATLAB（商业软件）、Scilab(开源自由软件)等；

② 统计软件，如 SAS（商业软件）、Minitab（商业软件）、SPSS（商业软件）、R 语言（开源自由软件）等；

③ 符号运算软件，如 MathType（数学公式编辑器）、Maple（商业软件）、Mathematica（商业软件）等。

其中，著名的数学软件有 MATLAB、Mathematica 和 Maple，并称为三大数学软件。

8.3.1　MATLAB

MATLAB 是 MATrix 和 LABoratory 两个词的组合，意为矩阵工厂（矩阵实验室），是美国 MathWorks 公司出品的商业数学软件，用于数据分析、无线通信、深度学习、图像处理与计算机视觉、信号处理、量化金融与风险管理、机器人、控制系统等领域，为科学研究、工程设计以及必须进行有效数值计算的众多科学研究提供了一种可视化、交互式程序设计的计算环境。

MATLAB 的基本数据单位是矩阵，它的指令表达式与数学、工程中常用的形式十分相似，所以用 MATLAB 来解算问题要比用 C、C++等语言完成相同的事情简捷得多。尽管如此，在新版本 MATLAB 中也加入了对 C、C++、Java 的支持。

MATLAB 的优秀之处在于：高效的数值计算及符号计算功能，能使用户从繁杂的数学运算分析中解脱出来；具有完备的图形处理功能，实现计算结果和编程的可视化；友好的用户界面及接近数学表达式的自然化语言，使初学者易于学习和掌握；功能丰富的应用工具箱（如信号处理工具箱、通信工具箱等），为用户提供了大量方便实用的处理工具。

MATLAB 作为工科学习必备的软件，很多学生、科研人员都在使用，而且也是大学生参加数学建模竞赛的常用工具。

8.3.2　R 语言

近年来，随着大数据技术的发展，数据分析和挖掘应用领域的扩大，R 语言也逐渐被人们重视。R 语言是一款功能强大、广受欢迎的数据分析与挖掘类软件。

R 最初由来自新西兰奥克兰大学的 Ross Ihaka 和 Robert Gentleman 开发（也因此称为 R），现在由"R 开发核心团队"负责开发，而且全世界的用户都可以贡献软件包。

R 语言来自 S 语言，是 S 语言的一个变种（S 语言由 Rick Becker、John Chambers 等人在贝尔实验室开发，著名的 C 语言、UNIX 系统也是贝尔实验室开发的），所以也可以当作 S 语言的一种实现，通常用 S 语言编写的代码都可以不作修改地在 R 环境下运行。

R 语言是用于统计分析、图形表示和报告的编程语言和软件环境，内建有多种统计学及数据分析、绘图功能。R 的功能由用户撰写的软件包来不断地增强，增加的功能可用于经济计量、财经分析、人文科学研究、人工智能以及数据输出 / 输入等。这些软件包可由 R 语言、Java 及最常用的 C、C++和 Python 等语言编写。

R 语言可自由下载使用，可在多种平台下运行，包括 UNIX、Windows 和 Mac OS（一套由苹果公司开发的运行于 Macintosh 系列电脑上的操作系统）。R 主要是以命令行操作，同时有人开发了几种图形用户界面。RStudio 是编辑、运行 R 语言的最为理想的工具之一。

R 语言强大之处在于其有上万个软件包(截至 2019 年 7 月，有 14000 多个)，丰富的软件包大大地扩展了 R 语言的功能，所以 R 语言其实已经成长为一种多功能的编程语言，它的功能远不限于数据分析。

8.4　计算机建模软件

计算机建模（Computer Modeling）的概念很广泛，既包括在计算机中再现某个二维或三维的场景，又可以是用计算机模拟事件的发生过程。一般来说，计算机建模是使用计算机以数学方法描述物体形态以及物体之间静态或动态的空间关系。例如，使用 CAD（计算机辅助设计）软件可在屏幕上生成物体，使用方程式产生直线和形状，依据它们相互之间及与所在的二维或三维空间的关系精确放置。

目前，计算机建模既可以借助计算机语言编程实现，也可以借助建模软件完成。主流的建模软件有 CAD、3D Max、Maya、SketchUp 等。

8.4.1　CAD 软件

CAD（Computer Aided Design，即计算机辅助设计）指利用计算机及其图形设备帮助设计人员进行设计工作。CAD 诞生于 20 世纪 60 年代，是美国麻省理工学院提出的交互式图形学的研究计划，由于当时硬件设施昂贵，只有美国通用汽车公司和美国波音航空公司使用自行开发的交互式绘图系统。随着计算机技术性能的提升和价格的降低，CAD 技术作为杰出的工程技术成就，已广泛地应用于工程设计的各个领域，几乎每个行业都在使用 CAD 软件进行设计工作，在诸如景观设计、桥梁施工、建筑设计、影片动画等各类项目中都能看到它的身影。CAD 系统的发展和应用使传统的产品设计方法与生产模式发生了深刻的变化，产生了巨大的社会经济效益。目前，CAD 技术研究热点有计算机辅助概念设计、计算机支持的协同设计、海量信息存储、管理及检索等，可以预见 CAD 技术将有新的飞跃，同时还会引起一场设计变革。

CAD 绘图软件有很多，国外有著名的 AutoCAD，国产 CAD 软件里比较知名的有浩辰 CAD、天正 CAD 和中望 CAD 等，不同厂商的 CAD 软件各有特点。不管哪种 CAD 软件都可帮助用户绘制施工文档，探索设计创意，通过真实感渲染来直观展示设计概念，以及模拟设计在现实环境中的效果。

在众多的 CAD 软件中，AutoCAD 是最基本的，所以教学中一般使用 AutoCAD。AutoCAD

是 Autodesk 公司首次于 1982 年开发的自动计算机辅助设计软件，现已经成为国际上广为流行的绘图工具。AutoCAD 具有良好的用户界面，通过交互菜单或命令行方式便可以进行各种操作。它的多文档设计环境，让非计算机专业人员也能很快地学会使用。AutoCAD 具有广泛的适应性，它可以在各种操作系统支持的微型计算机和工作站上运行。

8.4.2　3D Studio Max

3D Studio Max 常简称为 3D Max 或 3DS Max，是 Discreet 公司开发的(后被 Autodesk 公司合并)基于 PC 系统的三维动画渲染和制作软件。3D Max 是目前市面上主流的三维设计软件，适用于精度较高的建模项目，广泛应用于广告、影视、工业设计、建筑设计、三维动画、多媒体制作、游戏以及工程可视化等领域。3D Max 软件的优势在于：

① 功能强大，扩展性好：建模功能强大，在角色动画方面具备很强的优势，做出来的效果图逼真，另外丰富的插件也是其一大亮点。

② 性价比高：3D Max 所提供的强大的功能远远超过了它自身低廉的价格，一般的制作公司就可以承受得起，这样就可以使作品的制作成本大大降低，而且它对硬件系统的要求相对来说也很低，一般普通配置的 PC 机就可以满足 3D Max 需要了。

③ 使用者多，便于交流：3D Max 是目前世界上应用最为广泛的三维建模、动画、渲染软件，在国内也拥有众多的使用者，便于交流，网络上的教程也很多，随着互联网的普及，关于 3D Max 的论坛在国内也相当火爆。

④ 操作简单，上手容易：3D Max 虽然命令众多，但制作流程十分简洁高效，即使初学者也很容易上手。

8.5　多媒体编辑软件

随着数字媒体的飞速发展，多媒体创作或编辑工具发挥着越来越重要的作用，除了上面介绍的图形图像处理软件，还有很多动画制作软件、声音编辑软件以及视频编辑软件被人们所熟知，像动画制作软件 Flash、数字音频处理软件 Sound Forge、视频处理软件 Premiere 和 After Effect 等。

8.5.1　动画制作软件 Flash

Flash 软件是美国的 Macromedia 公司（于 2007 年被 Adobe 公司收购）于 1999 年 6 月推出的交互式矢量图和 Web 动画设计软件，用它可以将文字、音乐、声效、动画以及富有创意的界面融合在一起，以制作出高品质的网页动态效果。

Flash 的出现弥补了基于 HTML 网页的不足，这种简单直观又有功能强大的动画设计工具，让没有编程能力的人也能轻而易举地做出非富多彩的网页动态效果。Flash 能成为当前网页动画设计最为流行的软件之一，还源于其具有的独到之处。

① 文件小、传输速度快：Flash 中绘制的图形是矢量图形，不但对其进行缩放时不会降低画面质量，而且数据量小，传输速度快，非常适合于网络传输。

② 流式播放技术：Flash 动画不同于其他动画工作方式，它采用了流技术，只要下载一部分，就能欣赏动画，而且能一边播放一边传输数据，而不必等到全部下载完毕再播放，这样就大大减少了用户等待的时间，很好地增强了用户的体验感。

③ 强大的交互性：交互性是 Flash 动画最富特色的地方，它可以让欣赏者的动作成为动画的一部分，用户可以通过点击、选择等动作，决定动画的运行过程和结果，可以更好地满足所有用户的需要。

④ 动画效果炫酷：Flash 动画具有短小精悍、视觉冲击震撼的特点。

⑤ 动画制作的成本低：Flash 动画制作成本非常低廉，只需一台电脑、一套软件，作者就可以制作出绘声绘色的 Flash 动画，大大减少人力、物力资源以及时间上的消耗。

⑥ Flash 软件简单易学，容易上手：很多人不用经过专业训练，通过自学也能制作出很不错的 Flash 动画作品。

Flash 尽管是一个非常优秀的矢量动画制作软件，但美中不足的是，Flash 以插件方式工作，只有当用户的浏览器已经安装了这样的插件时，才可以正常播放 Flash 动画。幸运的是，目前很多浏览器的新版本中都包含了 Flash 插件。

8.5.2　视频处理软件 Premiere 和 After Effect

Premiere 和 After Effect 两款软件都是由 Adobe 公司开发的常用视频处理软件，两者各有所长，又可相互协作制作出高质量的作品。

Premiere 简称为 PR，其提供了视频采集、剪辑、调色、美化音频、字幕添加、输出、DVD 刻录的一整套流程，而且具有一定的特效与调色功能，简单易学，因而广受视频编辑爱好者和专业人士的青睐，广泛应用于广告制作和电视节目制作中。

After Effects 简称"AE"，是一款灵活的、基于层的 2D 和 3D 视频后期合成软件。After Effects 不仅能高效且精确地创建无数种引人注目的动态图形和震撼人心的视觉效果，而且与同为 Adobe 公司出品的 Premiere，Photoshop、Illustrator 等软件可以无缝结合，创建无与伦比的效果。因而，After Effects 是制作动态影像设计不可或缺的辅助工具，广泛应用于电影、广告、多媒体以及网页等。

Premiere 的特长在于对素材进行"剪辑"以达到预期效果，它的工作流程就是为剪辑而生，After Effect 的特长在于对素材进行"特效处理"和"后期合成"以达到预期效果，它的工作流程更适合进行特效加持和合成，两者往往结合在一起使用，制作出精美视频。

附录　Python 实验源代码

（1）爬取豆瓣网站信息的代码

```python
1   import requests
2   import json
3   class DoubanSpider:
4       # url="https://movie.douban.com/j/new_search_subjects?sort=U&range=0,10&tags=&start=B&countries=E
5       def __init__(self):
6           self.temp_url= "https://movie.douban.com/j/new_search_subjects?sort=U&range=0,10&tags=&start={}"
7       def run(self):
8           #因为Header, Cookie时时在变换, 读者若没有专门验证, 或者可在电脑网络上自行查找发现
9           headers = {
10              "User-Agent":"Mozilla/5.0 (Windows NT 10.0; Win64; x64) AppleWebKit/537.36 (KHTML, like Gec
11              ko) Chrome/101.0.4951.54 Safari/537.36 Edg/101.0.1210.39","Referer" : "https : / /movie.dou
12              ban.com/tag/"}
13          cookie = "viewed='1246920'; bid=OW2X9qhYu0s; gr_user_id=15c9a8ed-5280-4d69-9b64-1b6cdde7d861;
14          douban-fav-remind=1; ll='118232'; _vwo_uuid_v2=DC859B61BEDDAE35B1537449D95792635|24cf7bde640
15          c91670cc76db50f127285; __gads=ID=c64ede132e1fc53a-220f4d098cd10035:T=1649065035:RT=1649065035:
16          S=ALNI_MbeOA7ZJwbqwuNNeBmPNxB4jjNICw; __utmz=30149280.1649135062.7.7.utmcsr=baidu|utmccn=(org
17          anic)|utmcmd=organic; __utmz=223695111.1649135062.2.2.utmcsr=baidu|utmccn=(organic)|utmcmd=or
18          ganic; __yadk_uid=mH4RD60iryqbjHSy43fdre5z1396iIFg; __gpi=UID=e000047ece0a0a87:T=1649135187:R
19          T=1649135187:S=ALNI_MaLGnydKcE2kb18gAgOYnT2LZvOpQ; _pk_ref.100001.4cf6=%5B%22%22%2C%22%22%2C1
20          652501075%2C%22https%3A%2F%2Fwww.baidu.com%2Flink%3Furl%3Dp141IFLzQqqSJ0xsq2E0SgekWmqZH1IJBnJ
21          CMDhOLqtkdeU75cwjmWNefxHNAaI5%26wd%3D%26eqid%3Dd5ff17ea001e7cc300000003624bcdd4%22%5D; _pk_se
22          s.100001.4cf6=*; __utma=30149280.840596771.1622439786.1649135062.1652501076.8; __utmb=301492B
23          0.0.10.1652501076; __utmc=30149280; __utma=223695111.30517685.1649065030.1649135062.165250107
24          6.3;__utmb=223695111.0.10.1652501076; __utmc=223695111; ap_v=0,6.0; _pk_id.100001.4cf6=81ce5c
25          459190e8eb.1649065030.3.1652501165.1649135187."
26          #将字符串转换为字典格式
27          cookie_dict = {i.split("=")[0]: i.split("=")[-1] for i in cookie.split(";")}
28          num=0
29          #利用while循环反复执行提取操作10次
30          while num<200:
31              start_url=self.temp_url.format(num)
32              response = requests.get(start_url, headers=headers,cookies=cookie_dict)
33              self.get_content(response.content.decode())
34              #每执行一次爬取操作num加20, 以便爬下一页数据
```

```
35                num += 20
36        #获取爬取的内容信息
37        def get_content(self,html_str):
38            dict_data =json. loads(html_str)
39            content_list = dict_data[ "data"]
40            self.save_content(content_list)
41        #保存爬取的内容信息
42        def save_content(self,content_list):
43            with open( "douban.json","w",encoding="utf-8") as f:
44                for content in content_list:
45                    f.write(json.dumps(content,ensure_ascii=False))
46                    f.write("\n")
47    # 执行函数方法，运行爬虫脚本
48    if __name__ == '__main__':
49        douban = DoubanSpider()
50        response = douban.run()
```

（2）图像降噪的代码

```
1  import cv2
2  import numpy as np
3  import matplotlib.pyplot as plt
4
5  #读入图片
6  im = cv2.imread( '1.jpg', 0)
7  im = np.array(im)
8  im_copy = cv2.imread( '1.jpg', 0)
9  im_copy = np.array(im_copy)
10 #中值滤波去噪
11 medStep = 3 #设置为3×3的滤波器
12 def m_filter(x, y, step) :
13     """中值滤波函数"""
14     sum_s = []# 定义空数组
15     for k in range( -int(step / 2), int(step / 2) + 1):
16         for m in range(-int(step / 2), int(step / 2) + 1):
17             sum_s.append(im[x + k][y + m])#把模块的像素添加到空数组
18         sum_s.sort()# 对模板的像素由小到大进行排序
19         return sum_s[(int(step * step / 2) +1)]
20 for i in range(int(medstep / 2),im.shape[0] - int(medStep / 2)):
21     for j in range(int(medstep / 2),im.shape[1] - int(medStep / 2)):
22         im_copy[i][j] = m_filter(i,j,medStep)#用模板的中值来替代原像素的值
23 #解决中文显示问题
24 plt.rcParams ['font.sans-serif']=['SimHei']
25 plt.rcParams ['axes.unicode_minus']= False
26 plt.figure(figsize=(20,9))
27 plt.subplot(121)#设置图片布局为1行2列，其中该图为第1个
28 plt.title('原图')
29 plt.imshow(im)
30 plt.subplot(122)#设置图片布局为1行2列，其中该图为第2个
31 plt.title('中值滤波对比图')
32 plt.imshow(im_copy)
33 plt.show()
```

展示完整代码的是为了帮助初学者更加直观地学习代码的实现流程，从而能够更快地运行相关代码，实现最终效果。

在代码编程的过程中，难免会遇到各种各样的问题和错误，此时我们应该沉下心来寻找原因，这是 Python 学习道路上的第一步，也是快速熟悉代码编程的捷径之一。此处介绍上述两部分代码中容易遇到的问题：

① 初学者在代码编写过程中很容易忽视代码的格式问题，Python 使用缩进实现代码的分段，因此要特别注意缩进和空格的使用，否则可能导致代码无法运行；

② 在代码编写过程中要注意区分大小写字母，Python 是大小写敏感的编程语言，因此尽管是同样的字母，不同的大小写会让编译器无法正确识别；

③ 在代码编写过程中输入法要全程使用英文字符输入，尤其是括号、逗号、冒号等中英文易混淆字符，禁止使用中文输入，这会导致程序无法解译；

④ 爬取豆瓣网站信息的完整代码中的第 13 行要注意双引号与单引号，不能在双引号中继续使用双引号，可以将字符串中的双引号替换为单引号；

⑤ 图像降噪的完整代码中待处理的图片与该代码应该在同一级别目录下，如果目录不一致，应当更改第 6 行中的图片读取路径。

参考文献

[1] 吕云翔, 余钟亮, 张岩, 等. 计算机导论与实践[M]. 2 版. 北京: 清华大学出版社, 2019.

[2] 潘梅园, 王立松, 朱敏. 大学计算机实践教程——面向计算思维能力培养[M]. 北京: 电子工业出版社, 2018.

[3] 教育部考试中心. 全国计算机等级考试二级教程——MS Office 高级应用与设计上机指导(2021 年版)[M]. 北京: 高等教育出版社, 2020.

[4] Mark Lutz. Python 学习手册[M]. 李军, 刘红伟, 译. 北京: 机械工业出版社, 2011.

[5] Mark Summerfield, Python3 程序开发指南[M]. 王弘博, 孙传庆, 译. 北京: 人民邮电出版社, 2011.

[6] Magnus Lie Hetland. Python3 基础教程[M]. 3 版. 袁国忠, 译. 北京: 人民邮电出版社, 2017.

[7] Luciano Ramalho. 流畅的 Python[M]. 安道, 吴珂, 译. 北京: 人民邮电出版社, 2017.

[8] 葛平俱, 孙永香. 大学计算机实践教程[M]. 北京: 人民邮电出版社, 2017.